成大事者

做事101方法

萧 然◎著

廣東旅游出版社
GUANGDONG TRAVEL & TOURISM PRESS
悦读书·悦旅行·悦享人生
中国·广州

图书在版编目（CIP）数据

成大事者做事101方法 / 萧然著. — 广州：广东旅游出版社，2017.9（2024.8重印）
ISBN 978-7-5570-1079-9

Ⅰ. ①成… Ⅱ. ①萧… Ⅲ. ①成功心理－通俗读物Ⅳ. ①B848.4-49

中国版本图书馆CIP数据核字（2017）第188632号

成大事者做事101方法
CHENG DA SHI ZHE ZUO SHI 101 FANG FA

出 版 人 刘志松
责任编辑 陈晓芬
责任技编 冼志良
责任校对 李瑞苑

广东旅游出版社出版发行
地　　址 广东省广州市荔湾区沙面北街71号首、二层
邮　　编 510130
电　　话 020-87347732（总编室） 020-87348887（销售热线）
投稿邮箱 2026542779@qq.com
印　　刷 三河市腾飞印务有限公司
（地址：三河市黄土庄镇小石庄村）
开　　本 710毫米×1000毫米 1/16
印　　张 15
字　　数 187千
版　　次 2017年9月第1版
印　　次 2024年8月第2次印刷
定　　价 65.00元

序言

一个人能成功，20%来自知识，80%来自做人做事的方法。

做人是一门学问。我们生活的世界不是原始社会，也不是世外桃源，这就注定了你不能割断与社会与他人的联系。所以如何做一个受人欢迎、受人尊敬且事业畅通、家庭和睦、朋友众多的人，成为每一个人都必须思考的问题。

成功的机会每一个人都是均等的，如果你不懂得做人做事的精明之道，那你注定要失败。

做事要精明，不是让你在做事过程中为达到目的而不择手段，不是让你为了摘取成功桂冠而暗中放箭，更不是让你为了出人头地而不惜背地使黑招。从古到今，那些得祸遭殃的人，精干聪明的人要占到十分之九的比率，没有浑全与厚实的人得祸遭殃的。所以，精明也要有分寸才行，是要掩藏在那浑全与厚实里发挥作用。所谓精明，要了解什么该放弃什么该争取，宽容就是精明很好的体现，抛去斤斤计较能让你有更多的精力去做更重要的事情；所谓精明要懂得怎样提高效率而不是一味蛮干；所谓精明要会使用策略，策略让你最圆满地解决问题……

本书包括成大事者做事关注细节、成大事者做事善用信息、成大事者做事离不开人脉、成大事者做事雷厉风行、成大事者善于控制心态、成大事者做事讲求效率、成大事者宽容他人善待自己、成大事者做事游刃有余，共八章，希望对读者做事方面有所帮助，成为做事无往而不利的成大事者。

目录

第四章　成大事者做事雷厉风行

第五章　成大事者善于控制心态

第六章　成大事者做事讲求效率

第七章 成大事者宽容他人善待自己

第八章 成大事者做事游刃有余

第一章　成大事者做事关注细节

关注细节、重视小事的人，不仅能认真对待工作，将小事做细，并且还能在做事的细节中找到机会和经验，从而使自己走上成功之路。

1 大事必做于细

作为一个现代人，成功和幸福无疑是我们大多数人的追求。试想谁不希望自己能够拥有一份属于自己的事业，游刃有余地施展自己的才华，并且能够得到他人欣赏呢？又有谁不希望自己生活的每一天都充满快乐和幸福感呢？

当然，我们中的大多数人知道这一切的获得都需要我们不懈地追求和努力，只有勤奋和认真才能够真正地为我们带来成功、财富乃至幸福的生活；我们也知道人生所有的努力无非是从做人、做事、说话、领导能力四个方面入手，并且我们也为之付出了我们所愿意付出的努力。但是，事实上，我们中的很多人并没有想象中的那么成功。那么问题究竟出在什么地方呢？

是的，问题的关键就在于我们是否关注细节。成功者与大多数人的区别就在于成功者都能够抓住那些常常被我们所忽略的细节，并且能够乘势而上。

有一篇文章说得好："生活充满了细节，总是些看来非常偶然的细节会对我们的人生有帮助。可哪些细节会起帮助，这是没法预测的。就如面试时礼貌地给他人让座位，这个细节会有两种截然相反的结果——有的招聘者会对你的美德大加赞赏；有的则会认为你缺乏竞争意识。这并不是说细节的力量是种不可捉摸的宿命，而是说细节的力量也有如机遇一样，总是青睐于有准备的人。这种准备，来源于我们的平时养成，而不仅仅是面试前设计好一套注重细节的执行方案就够了。"

有家公司招聘高级管理人才，一群应聘者去进行复试。应聘者都很自信地回答了考官们颇为简单的提问，可他们都没有被录用。轮到后来一个人，他走进房门时，发现干净的地毯上扔着一个纸团。一丝不苟的习惯使他弯腰捡起它。这时考官说："请看看您捡起的纸团。"这位应聘者打开纸团，见上面写着："热忱欢迎您到我们公司任职。"后来这位应聘者成了一家著名大企业的管理者。这个故事很深刻地向我们阐述了细节的力量。

"泰山不拒细壤，故能成其高；江海不择细流，故能就其深。"所以，大礼不辞小让，细节决定成败。在中国，想做大事的人很多，但愿意把细节小事做好的人很少；我们不缺少雄韬伟略的战略家，缺少的是精益求精的执行者；我们不缺少各类管理规章制度，缺少的是规章条款不折不扣的执行。我们必须改变心浮气躁、浅尝辄止的毛病，提倡注重细节、把小事做好。

2 细节体现素养

一个人的素质是从细节中体现出来的，因为只有从细节上严于律己、讲究分寸的人才能真正把事情做到位。从小事做起，事事认真到位是一种素质。任何细节，要做就做好，要么就别做这件小事，一粒老鼠屎也能坏一锅粥呢。

同是写一篇报告，有人就能把它做得像模像样，干干净净，整整齐齐；而有的人却马马虎虎，该做的没做，能做的也不做。就连报告中的表格也大小不一，非常难看。也许有人会辩解说形式不是问题，重要的是内容。但是如果连你能做的都不把它做好，那么怎么能说你确实努力去做这件事了呢？再说，拿国际会议标准来说，这些都是形式上的东西，可是如果这些形式上的东西也达不到的话，又能说哪个国家的国际会议是成功的呢？报告的质量既在内容也在形式，形式的差别就体现了人们做事的差别，素质的差别。

每当我们做一件事情的时候，就应该在心里立下一个标准，下次做这件事或类似的事情的时候就以这种标准做，不打丝毫折扣。通过做普通的小事训练自己的素养，就能使自己真正变得不同起来，做更复杂的事也会得心应手。

3 细节就是专业

能不能关注到细节不仅是个主观问题，也是一个客观问题。在分工越来越细的时代里，细节体现的就是专业水平，也只有更加精细的技术才能达到某一个领域的尖端水平。

我国前些年澳星发射失败就是因为细节问题：在配电器上多了一块0.15毫米的铝物质，正是这一点点铝物质导致澳星爆炸。

国际名牌POLO（保罗）皮包凭着“一英寸之间一定缝满八针”的细致规格，二十多年立于不败之地。

微软公司投入几十亿美元来改进开发每一个新版本，就是要确保多方面细节上的优势，不给竞争者以可乘之机。只要保证产品在一比一的竞争中能够获胜，那么整个市场绝对优势就形成了，因而对于细节的改进是非常合算的。

著名的瑞士Swatch（斯沃琪）手表的目标就是在手表的每一个细微处展现自己的精致、时尚、艺术、人性。此外，随着季节变化，Swatch不断地变换着主题。针盘、时针、分针、表带、扣环……无一不是Swatch的创意源泉。它力图在手表这样一个狭小的空间里，让每一个意念都得到最完美的阐释。Swatch尤其受到年轻人的拥护，其每一款图像、色彩，在每一个细微处，都暗含年轻与个性的密码，或许这就是它风靡市场的原因。

现代商业的成败，在很大程度上已经由细节决定了。大笔的金钱投入下去，往往只为了赚取百分之几的利润，而任何一个细节的失误，就可能将这些利润完全吞噬掉。

4 要做一个有心人

两个同龄的年轻人同时受雇于一家店铺，并且拿同样的薪水。

可是一段时间后，叫阿诺德的那个小伙子青云直上，而那个叫布鲁诺的小伙子却仍在原地踏步。布鲁诺很不满意老板的不公正待遇，终于有一天他到老板那儿发牢骚了。老板一边耐心地听着他的抱怨，一边在心里盘算着怎样向他解释清楚他和阿诺德之间的差别。

“布鲁诺先生，”老板开口说话了，“您现在到集市上去一下，看看今天早上有什么卖的。”

布鲁诺从集市上回来向老板汇报说，今早集市上只有一个农民拉了一车土豆在卖。

“有多少？”老板问。

布鲁诺赶快戴上帽子又跑到集上，然后回来告诉老板一共40袋土豆。

“价格是多少？”

布鲁诺又第三次跑到集上问来了价格。

“好吧，”老板对他说，“现在请您坐到这把椅子上一句话也不要说，看看别人怎么说。”阿诺德很快就从集市上回来了，向老板汇报说到现在为止只有一个农民在卖土豆，一共40袋，价格是多少多少。土豆质量很不错，他带回来一个让老板看看。这个农民一个钟头以后还会弄来几箱西红柿，据他看价格非常公道。昨天他们铺子的西红柿卖得很快，库存已经不多了。他想这么便宜的西红柿老板肯定会要进一些的，所以他不仅带回了一个西红柿做样品，而且把那个农民也带来了，他现在正在外面等回话呢。

此时老板转向了布鲁诺，说：“现在您肯定知道为什么阿诺德的薪水比您高了吧？”

同样的小事情，有心人做出大学问，不动脑子的人只会来回跑腿而已。别人对待你的态度，就是你做事情结果的反映，像一面镜子一样准确无误，你如何做的，它就如何反射回来。

5 谨慎地处理细节

任何事业都是由很多小的细节组成，小的细节不仅是事业的组成部分，而且也是事业效率的来源。为此我们一定要树立细节决定成败的观念，要追求细节上的完善。如果遇到要变动的时候，一定要充分考虑各种细节，通过细节的通盘考虑，最终通过变动取得成功。有的人，往往做事一刀切，为了达到目的，全然不考虑细节。事实上，这样不仅会制造巨大的阻力，而且还会让自己失去公信。

大多数的同仁都很兴奋，因为单位里调来了一位新主管，据说是个能人，专门被派来整顿业务。可是，日子一天天过去，新主管却毫无作为，每天彬彬有礼进办公室后，便躲在里面难得出门。那些紧张得要死的坏分子，现在反而更猖獗了。他哪里是个能人，根本就是个老好人，比以前的主管更容易唬。

四个月过去了，新主管却发威了，坏分子一律开革，能者则获得提升。下手之快，断事之准，与四个月前表现保守的他，简直像换了一个人。年终聚餐时，新主管致辞：相信大家对我新上任后的表现和后来的大刀阔斧，一定感到不解。现在听我说个故事，各位就明白了。

我有位朋友，买了栋带着大院的房子，他一搬进去，就对院子全面整顿，杂草杂树一律清除，改种自己新买的花卉。某日，原先的房主回访，进门大吃一惊地问，那株名贵的牡丹哪里去了？我这位朋友才发现，他居然把牡丹当草给割了。后来他又买了一栋房子，虽然院子更加杂乱，他却按兵不动，果然冬天以为是杂树的植物，春天里开了繁花；春天以为是野草的，夏天却是锦簇；半年都没有动静的小树，秋天居然红了叶。直到暮秋，他才认清哪些是无用的植物而大力铲除，并使所有珍贵的草木得以保存。

说到这儿，主管举起杯来，“让我敬在座的每一位！如果这个办公室是个花园，你们就是其间的珍木，珍木不可能一年到头开花结果，只有经过长期的观察才认得出啊。”

要从细节着手，不断通过细节的完善，最终实现事情的成功。我们不妨将一项事业的成功看成是一个个细节的有机组合。我们的细节其实就是一项项小的事业，我们没有理由不注重它们。

6 闪光点在细节中体现

人们敬重能关注细节的人，人们也是从细节中来看一个人的品质和精神。当我们关注细节的时候，我们就容易得到别人的认可；而当我们漠视细节的时候，我们发现一切都困难重重。有的人或许认为人应该专注于做大事，不应该注重细节。事实上，任何一件大事都是由细节组成的，不注重细节，大事也就没有成功的可能。

恰科年轻的时候，到一家很有名的银行去求职。他找到董事长，请求能被雇用，然而没说几句话就被拒绝了。当他沮丧地走出董事长办公室宽敞的大门时，发现大门前的地面上有一个图钉。他弯腰把图钉拾了起来，以免图钉伤害别人。

第二天，恰科出乎意料之外地接到银行录用他的通知书。原来，就在他弯腰拾图钉的时候，被董事长看到了。董事长见微知著，认为如此精细小心、不因善小而不为的人，非常适合在银行工作，于是改变主意录用了他。

果然不出所料，恰科在银行里样样工作都干得非常出色。后来恰科成为法国的银行大王。阿基勃特的成长与恰科有相似之处，也是因小事而引起大老板的关注。

阿基勃特年轻的时候，只是美国标准石油公司的一个小职员。他不在乎人微言轻，只要出差在外住旅馆，总是在自己签名的下面，写上“每桶 4 美元的标准石油”的字样，在书信和收据上也从不例外。只要有他的签名，就一定写上那几个字。因此，他被同事们戏称为“每桶 4 美元”，久而久之，他的真名反而没有人叫了。

公司董事长洛克菲勒得知了这个情况后，很有感慨地说：“竟有如此努力地宣扬公司声誉的职员，我一定要见见他。”于是，洛克菲勤邀请阿基勃特共进晚餐。后来，洛克菲勒卸任，阿基勃特便成了美国标准石油公司的第二任董事长。

我们关注细节，别人是看得见的。我们通过细节上的精益求精，最终也将赢得别人的尊重。要学会在细节上下足功夫，通过细节上的功夫，最终取得整体的成功。

7 一步到位的做事方式

有这么一则故事：李杨从日本回来，想投资开一个日式料理店，他让朋友王飞帮他选择地点。他们跑遍了整个城市，看了无数的房子，最后李杨从中挑选出十个，把它们在位置、环境、布局等方面的优劣列成清单，反复比较，从中优选出三个，然后把这三个店的位置、环境、布局及服务内容等方 面列成一个更为详细的调查表，委托一家信息咨询公司做市场调查，根据调查回馈，最后确定其中一个，接下来开始装修。李杨又请来装修公司，详细地讲述自己的意图，对方耐心地听着，王飞也在一旁听着。开始还为他的认真感动，到后来就有些不耐烦了，认为李杨也真是太详细了，不仅店内所有的空间包括门厅、厨房、卫生间里的每一个角落都不放过，而且，店外远至百米的路段也做了精心布置，简直精细到极点。王飞看着李杨，突然感觉有些陌生，原来挺豪爽大气的一个人，几年不见，怎么竟变得婆婆妈妈，心细如针？店终于按照李杨的要求装修好了，进到里边，给人的第一感觉是舒服，第二感觉还是舒服，你能想到的他全想到了，你没想到的他也想到了，可李杨还不放心，让王飞和其他朋友帮他挑毛病，看看还有什么没想到的地方。王飞看着李杨，越发觉得他陌生了，从选店到装修，不仅多跑了许多路，多花了许多钱，更重要的是，花了许多时间，如果换成自己，现在早营业赚钱了，可他还在这儿挑毛病。王飞说：“挺好的，赶快开业吧，早开一天早收入一天。”

李杨看着王飞说：“正式开业还要等一个星期，从明天开始，我请你带朋友来吃饭，全部免费，但有一条，每吃一次，至少要提一条意见。”“为什么?”“因为在日本，不能让客人等候超过五分钟，不能让他有任何不满意的地方，现在开业，我没有把握，所以我付费请咨询公司替我找最挑剔的顾客来，如果你方便也请你来，多挑毛病，拜托了。”“你也太认真了，这是在中国，不用这样，要我说，先开业，发现问题再说，现改也来得及。”“不，我不能拿顾客做试验，在日本，我做过调查，开业最初十天进店的顾客，基本上就是你店里长期的顾客，如果你在这十天留不住顾客，你就得关门。”

“为什么?”王飞有些不解，“一个新开的店，有点不足是难免的。客人也会谅解的，下次改正就行了。”“不，在日本，没有下次，只给你一次机会。我刚到日本和日本人初交往时，觉得他们很傻，你说什么他都信，你如果想骗他其实很容易，但是他只给你骗一次，以后他永远不会和你来往。在日本，只要是你本人的原因犯错，你就得走，你不能说：对不起，这次我错了，给我机会，我保证下次改。没有下次，只给你一次机会。”王飞看着李杨，突然明白了为什么这些天来，他如此认真，如此精细，这间在自己看来没什么了不起的料理店，在李杨看来，仅次于他的生命，因为他深深知道，这既是他的第一家店，也是他最后一家店，成败只此一次，没有再一，更无再二。

其实很多时候，如果存了下次再来的心思，那么这次你就不可能全部投入，不会认真地关注每一个细节，那么失败的几率很大。一步到位地做好每一个细节，是一种绝对认真的做事方式。

8 成功和失败的差距就在细节中

某杂志刊载了这样一则故事：

有一个老商人，他在一个小市镇里做了几年的地产生意，到后来竟完全失败了。当债主跑来讨债时，他正在紧皱眉，思索他失败的原因。

“我为什么会失败呢？”他说，“我对主顾不是很客气吗？”

“你完全可以再从头干一下，”债主说，“你看你不是还有不少财产吗？”

“什么？从头开始？”

“是啊！你应该开出一张资产负债表来，好好地清算一下，然后从头做起。”

“你的意思是说我得把所有的资产和负债都详细清算一番，写成一张表格吗？我得把我的门面、地板、桌椅、茶几、书架都重新洗刷油漆一番，弄成新开张的样子吗？”

“是啊！”

“这些事我早在15年前就想动手去做了，但后来因为我沉溺在观看拳击竞赛中，至今还不曾动手。现在我知道我几年来失败到如此地步的原因了！”

尤其是在大城市里做生意，更要把一切事情、一切物品都弄得有条有理。美国信托行业公会的会长曾经说过：“根据我几年来和一般大公司交往所得的经验，他们的老板随时都能获得有关公司营业的报告，能对整个公司的情形了如指掌，一定不会失败。”

无论你是在大城市里或城镇里经营生意，你都应该把物资管理得清洁整齐，把账目记得清清楚楚——这是最重要的一件事。那些把什么事物都弄得乱七八糟的人，终有一天要跌倒的。

有不少商家，往往把货物堆积得七倒八歪，没有良好的管理。偶尔来个主顾要买某件物品时，店员就要翻来覆去地耽误半天工夫才能找到。

有许多青年也是一样，他们生来有一种古怪脾气，任何事情都只随随便便搪塞一下了事，从不想到应该怎样做得更好。他们脱下衣裳解下领带就随手东丢西抛。遇到他们不得不放下手中的事情，跑开一趟时，就不管事情已经做到哪里，立刻顺手抛开，等着回来后继续再做。这种青年一旦踏入社会，干起事业来，一定把自己的四周弄成一团糟，对于任何事也一定抱着“搪塞主义”。

有些人常常对自己的失败想不出所以然来。其实他面前的那张写字台已经把其中的缘故老老实实地告诉他了：台面上东一堆乱纸，西一堆信札；抽屉里好像塞满了棉花一般；书架上报纸、文件、信纸、原稿、便条都杂七杂八地塞得水泄不通。我们身边的一切用具和陈设都是揭发我们习气最忠实的证人。我们的行动、谈吐、态度、举止、眼睛、衣服、装饰等也都在老实而毫不客气地告发我们是一个怎样的人。它们把你自己也莫名其妙的失败原因一五一十地说了出来，把你自己也不知其所以然的穷困理由，也原原本本地告诉了你。

永远不要忽视细节，也许成功和失败的差别就在其中。

9 谨慎对待每件小事情

父子俩一同穿越沙漠。在经历了漫长的跋涉之后，他们都疲惫不堪，干渴难忍，每迈出一步都异常艰难。这时父亲看到黄沙中有一枚马蹄铁在阳光的照耀下闪闪发光——那是沙漠先驱者的遗留品。

父亲对儿子说，捡起它吧，会有用的。儿子抬起失神的眼睛，看了看一望无际的沙漠——有什么用呢？儿子摇摇头。于是，父亲什么也没说，只是弯腰拾起了马蹄铁，继续前行。终于他们到达了一座城堡，父亲用马蹄铁换了200颗酸葡萄。当他们再次跋涉在沙漠中遭遇干渴时，父子俩吃上了酸葡萄。

一件你不屑一顾的小事或许就是你的机遇。哪怕是一件小事，我们也应该用心地去做。行为本身并不能说明自身的性质，而是取决于我们行动时的精神状态。工作是否单调乏味，往往取决于我们做它时的心境。

每一件事情对人生都具有十分深刻的意义。泥瓦匠们在砖块和砂浆之中看出诗意；图书管理员们经过辛勤劳动，在整理书籍时感觉到自己已经取得了一些进步；学校的老师们对按部就班的教学工作从未感到丝毫的厌倦，他们一见到自己的学生，就变得非常有耐心，所有的烦恼都抛到了九霄云外。

如果只用别人的眼光来看待我们的工作，仅用世俗的标准来衡量我们的工作，工作或许没有任何吸引力和价值可言。

从外面观察一个大教堂的窗户，那里面布满了灰尘，光华已逝，只给人单调和破败的感觉。一旦我们跨过门槛，走进教堂，立刻可以看见绚烂的色彩、清晰的线条。阳光透过窗户在奔腾跳跃，形成了一幅幅精彩的图画。

人们通常认识事物是有局限的，我们必须从内部去观察才能看到事物的真正本质。有些工作只从表象上去看是不能认识到其意义所在的。每个人只有从工作本身去理解工作，将它看作是人生的权利和荣耀，才能保持自己个性的独立。

不要小看自己所做的每一件事，即便是最小的一件，也应该全力以赴、尽职尽责地去完成。小事情的顺利完成，有利于大事情的顺利达成。只有一步一个脚印地向上攀登，才不会轻易跌落，工作真正的能量就蕴藏在其中。

10 十二次微笑的故事

飞机起飞前，一位乘客请求空姐给他倒一杯水吃药。空姐很有礼貌地说："先生，为了您的安全，请稍等片刻，等飞机进入平稳飞行后，我会立刻把水给您送过来，好吗？"

15分钟后，飞机早已进入了平稳飞行状态。突然，乘客服务铃急促地响了起来，空姐猛然意识到：糟了，由于太忙，她忘记给那位乘客倒水了！当空姐来到客舱，看见按响服务铃的果然是刚才那位乘客。她小心翼翼地把水送到那位乘客跟前，面带微笑地说："先生，实在对不起，由于我的疏忽，延误了您吃药的时间，我感到非常抱歉。"这位乘客抬起左手，指着手表说道："怎么回事，有你这样服务的吗？"空姐手里端着水，心里感到很委屈，但是，无论她怎么解释，这位挑剔的乘客都不肯原谅她的疏忽。

接下来的飞行途中，为了补偿自己的过失，每次去客舱给乘客服务时，空姐都会特意走到那位乘客面前，面带微笑地询问他是否需要水，或者别的什么帮助。然而，那位乘客余怒未消，摆出一副不合作的样子，并不理会空姐。

临到目的地前，那位乘客要求空姐把留言本给他送过去。此时空姐仍然面带微笑地说道："先生，请允许我再次向您表示真诚的歉意，无论您提出什么意见，我都将欣然接受您的批评！"那位乘客脸色一紧，准备说什么，可是却没有开口，他接过留言本，开始在本子上写了起来。

等到飞机安全降落，所有的乘客陆续离开后，空姐本以为这下完了，没想到，等她打开留言本，却发现那位乘客写下的是一封热情洋溢的表扬信。

是什么使得这位挑剔的乘客最终放弃了投诉呢？在信中，空姐读到这样一句话："在整个过程中，您表现出的真诚的歉意，特别是您的十二次微笑，深深打动了我，使我最终决定将投诉信写成表扬信！下次如果有机会，我还将乘坐这趟航班！"

微笑是我们日常生活中太常见太微不足道的了，但就是这么简单的表情，就能改变别人对我们的看法，改变我们的生活状态。

11 搬一把椅子的故事

一句亲切的话语、一个友善的致意或一项小小的援助计划，都能让对方体会到你的爱心和真诚。能和美国亿万富翁“钢铁大王”卡耐基攀亲附缘，并在他的提携下走向事业的巅峰，让很多人不敢想象。可是，一个年轻人只用了一把椅子，就轻易地与“钢铁大王”齐肩并举，从此走向令人羡慕的成功之路。

那是一个阴云密布的午后，大雨瞬间倾泻而下，行人纷纷逃进就近的店铺躲雨。这时，一位浑身湿淋淋的老妇步履蹒跚地走进费城百货商店。看着她狼狈的姿容和简朴的衣裙，所有的售货员都对她爱搭不理。

这时，一个年轻人诚恳地对她说：“夫人，我能为您做点什么吗?”老妇莞尔一笑：“不用了，我在这儿躲会儿雨，马上就走。”随即，老妇又心神不定了，不买人家的东西，却借用人家的屋檐躲雨，太不近情理了。于是，她开始在百货店里转起来，哪怕买个头发上的小饰物呢，也给自己躲雨找个光明正大的理由。

正当她眼露茫然时，那个小伙子又走过来说：“夫人，您不必为难，我给您搬了一把椅子，放在门口，您坐着休息就是了。”两个小时后，雨过天晴，老妇人向那个年轻人道了谢，并随意地向他要了张名片，就颤巍巍地走了出去。

几个月后，费城百货公司的总经理詹姆斯收到一封信。写信人要求将这位年轻人派往苏格兰收取装潢一整座城堡的订单，并让他负责自己家族所属的几个大公司下一季度办公用品的采购任务。詹姆斯震惊不已，匆匆一算，只这一封信带来的利益，就相当于他们公司两年的利润总和。

当他以最快的速度与写信人取得联系后，才知道这封信是一位老妇人写的，而她正是美国亿万富翁“钢铁大王”卡耐基的母亲。

詹姆斯马上把这位叫菲利的年轻人推荐到公司董事会。毫无疑问，当菲利收拾好行李准备去苏格兰时，他已升格为这家百货公司的合伙人了。那年，菲利22岁。

随后的几年中，菲利以他一贯的踏实和诚恳，成为“钢铁大王”卡耐基的左膀右臂，在事业上扶摇直上，成为美国钢铁行业仅次于卡耐基的富可敌国的灵魂人物。菲利29岁时，已经为全美国的近百家图书馆捐赠了800万美元的图书，他希望用知识和爱心帮助更多的年轻人走向成功。

12 泰国酒店的高明之处

泰国的东方饭店堪称亚洲饭店之最，几乎天天客满，不提前一个月预订是很难有入住机会的，而且客人大都来自西方发达国家。泰国在亚洲算不上特别发达，但为什么会有如此诱人的饭店呢？大家往往会以为泰国是一个旅游国家，而且又有世界上独有的人妖表演，是不是他们在这方面下了功夫。错了，他们靠的是真功夫，是非同寻常的客户服务，也就是现在经常提到的客户关系管理。

他们的客户服务到底好到什么程度呢？我们不妨通过一个实例来看一下他们是如何把服务做到位的。

一位朋友因公务经常出差泰国，并下榻在东方饭店，第一次入住时良好的饭店环境和服务就给他留下了深刻的印象，当他第二次入住时几个细节更使他对饭店的好感迅速升级。

那天早上，在他走出房门准备去餐厅的时候，楼层服务生恭敬地问道："于先生是要用早餐吗？"于先生很奇怪，反问："你怎么知道我姓于？"服务生说："我们饭店规定，晚上要背熟所有客人的姓名。"这令于先生大吃一惊，因为他频繁往返于世界各地，入住过无数高级酒店，但这种情况还是第一次碰到。

于先生高兴地乘电梯下到餐厅所在的楼层，刚刚走出电梯门，餐厅的服务生就说："于先生，里面请。"于先生更加疑惑，因为服务生并没有看到他的房卡，就问："你知道我姓于？"服务生答："上面的电话刚刚下来，说您已经下楼了。"如此高的效率让于先生再次大吃一惊。

于先生刚走进餐厅，服务员微笑着问："于先生还要老位子吗？"于先生的惊讶再次升级，心想："尽管我不是第一次在这里吃饭，但最近的一次也有一年多了，难道这里的服务员记忆力那么好？"看到于先生惊讶的目光，服务员主动解释说："我刚刚查过电脑记录，您在去年的 6 月 8 日在靠近第二个窗口的位子上用过早餐。"于先生听后兴奋地说："老位子！老位子！"小姐接着问："老菜单？一个三明治，一杯咖啡，一个鸡蛋？"现在于先生已经不再惊讶了，"老菜单，就要老菜单！”于先生已经兴奋到了极点。

上餐时餐厅赠送了于先生一碟小菜，由于这种小菜于先生是第一次看到，就问：“这是什么？”服务生后退两步说：“这是我们特有的某某小菜。”服务生为什么要先后退两步呢，他是怕自己说话时口水不小心落在客人的食品上，这种细致的服务不要说在一般的酒店，就是美国最好的饭店里于先生都没有见过。这一顿早餐给于先生留下了终生难忘的印象。

后来，由于业务调整的原因，于先生有三年的时间没有再到泰国去，在于先生生日的时候突然收到了一封东方饭店发来的生日贺卡，里面还附了一封短信，内容是：亲爱的于先生，您已经有三年没有来过我们这里了，我们全体人员都非常想念您，希望能再次见到您。今天是您的生日，祝您生日愉快。于先生当时激动得热泪盈眶，发誓如果再去泰国，绝对不会到任何其他的饭店，一定要住在东方饭店，而且要说服所有的朋友也像他一样选择。于先生看了一下信封，上面贴着一枚六元的邮票。六元钱就这样赢得了一颗心。

第二章　成大事者做事善用信息

我们要选择接触最新的信息，了解最新的趋势，从而更好地创造自己的未来。信息的畅通是个人乃至事业发展的前提，特别在信息时代，丧失了信息渠道往往也意味着丧失了竞争和发展的先机。

13 信息决定成败

美国肯德基炸鸡早已为国人所熟悉，但对于它是如何打入中国市场的，知道的人却不多。肯德基炸鸡打入中国市场的一个重要经验，就是在广泛收集信息的基础上进行科学的预测。

起初，肯德基公司派一位执行董事来中国考察市场。他来到北京街头，看到川流不息的人流，穿着都不怎么讲究，就报告说，炸鸡在中国有消费者，但无大利可图，因为中国消费水平低，想吃的人多，但掏钱买的人少。由于他没有进一步进行相关信息的收集整理，仅凭直观感觉、经验做出预测，被总公司以不称职为由降职处分。接着公司又派了另一位执行董事来考察。这位先生在北京的几个街道上用秒表测出行人流量，然后请 500 位不同年龄、职业的人品尝炸鸡的样品，并详细询问他们对炸鸡的味道、价格、店堂设计等方面的意见。不仅如此，他还对北京的鸡源、油、面、盐、菜及北京的鸡饲料行业进行了详细的调查。经过总体分析，得出结论：肯德基打入北京市场，每只鸡虽然是微利，但消费群巨大，仍能赢大利。果然，北京的第一家肯德基店开张不到 300 天，就盈利高达 250 多万元。

在广泛收集信息的基础上进行科学的预测，是企业开拓市场的一个重要准备。

14 防止信息阻塞

当前，我们处于信息时代，进修学习、经济活动、娱乐休闲，都交织着丰富的信息交换过程。人们参与信息传递，并根据需要进行筛选。然而，人的一生，能做多少事是有限度的。有限的精力，获得的信息必然也只能是冰山一角，这构成信息阻塞的主观方面。即使进入了数字时代，信息的传播渠道仍然存在一个阈值，第一时间获得所需的全部信息只会是一个小概率事件，这构成信息阻塞的客观方面。

可见，信息阻塞不仅仅是技术问题，我们应该理性地去面对。信息的不通畅，意味着风险加大。很可能会发生用正确的方法做了错误的事情，或者是直接的方法错误。产生这些错误，大都是由于在没有可靠信息情况下，却急功近利、鲁莽冒进。金庸武侠小说中有一著名心法，为各门派大侠所广为使用，那就是"以静制动，以慢击快，后发而先制"。在信息阻塞的情况下，沉着应对，韬光养晦，为可用方法。

狡兔三窟，这是兔子的精明，对于未来不可测的变化，预防当然是最好的方法。先分析所有可能出现的情况，再积极地做出预防，就可以无往而不利了。"一件小事，可以成全你，也可以败坏你。"如果是在浮浮沉沉、变幻莫测的商海，这种积极的防备，就更是必不可少的了。

如果你已经能够步步为营，应对未来事件的变化，就像港版《无间道》一样，设计出种种结局，那么恭喜了，即使信息阻塞，也不会影响你事业的更上一层楼。

15 防范信息陷阱

有人做过这样一个试验：

二十个人围成一个圈，随机指定其中一人为龙头，由他想一句话，低声转述给左边一人，此人再向左传，依次类推，等这句话再传回龙头耳中时，与他原先说出的那句话早已大相径庭，不知所云了。

闲话就是这样产生并渐被加工、失真的，二手传播不可信的另一个原因还在于，我们无法确定当事人是怎样说的。这一点很重要，语气神态不同，意思也就大为不同。

比方说有这样一句话：

“我”没说她偷了我的钱——可是有人这么说。

我“没”说她偷了我的钱——我确实没这么说。

我没“说”她偷了我的钱——可是我是这么暗示的。

我没说“她”偷了我的钱——可是有人偷了。

我没说她“偷了”我的钱——可是她对这钱做了某些事。

我没说她偷了“我的”钱——她偷了别人的钱。

我没说她偷了我的“钱”—— 她偷了别的东西。

从头到尾一字不差的一句话，语气、神态、声调不同，就会有如此不同的含义。别人给你传来的一句话，你怎么能轻下结论呢？

中国有句古话：来传是非者，必是是非人。因为这种事情确实没什么意思，最好的办法是一不相信，二不传播。

在接受别人信息的时候要非常慎重，要注意防范信息陷阱。不能随意由于别人的话产生先入为主的想法，否则将会妨碍处理事情时的客观性、合理性。

16 消除信息压力

每天醒来时，是否觉得已经落后了？这是社会上觉得有压力的人普遍拥有的感受，因为他们知道接下来一天发生的事又会多到自己无法消化。

为什么近二十年发生的事件愈来愈难记住？那是因为发生的事情太多，你的脑袋将好多事都混在一起了。当你同时得记住很多事情时，就无法好好地将它们有次序地排放在脑中。

不过你用不着担心：我们每一个人遇到的信息都比实际能够了解的更多。

从此以后对你所吸收的信息要更有选择性。

1. 减少信息吸收量。若你持续被信息围困，你会觉得被它套牢，导致你觉得工作过量和压力过大。若能大量减少不相干的信息，你就不会时常觉得被套牢了，也不会常有工作过量的感觉。为此，我已经退出电子邮寄名录，并停掉许多订阅的刊物了。

2. 管辖生活空间，因为信息都储存在这些空间里——书架、桌子、手机、网站……

同样的道理也适用于档案柜、书架、餐桌、厨房等，或是把自己希望保留的信息组织起来。如果你面对的信息量实在很多，将它们分类并逐一消化。如果你的桌子一团乱，东西愈堆愈高，你应该好好地整理一下那个空间。

(1) 放入档案夹。

(2) 把类似的项目放一起。

(3) 减少副本。

(4) 把优先顺序重要的项目放在一个档案袋里。

(5) 整理信息其实只要将信息分堆、分类，或在硬盘里分开不同的目录即可。

找一个合适的档案夹储存，让你自己能轻易找得到该文件。可能需要重新在档案夹外贴上标签：这样才是“你的”系统，为“你”设计的——不必管别人觉得它们看起来怎么样。

如果你没有时间整理怎么办？别找借口了，如果你不整理，以后还是得花一样多甚至更多时间，从一团混乱中找出你要的东西。

17 了解沉锚效应

有两家卖粥的小店。

左边这个和右边那个每天的顾客相差不多，都是川流不息，人进人出的。

然而晚上结算的时候，左边这个总是比右边那个多出百十元来，天天如此。

于是，我走进了右边那个粥店。服务员微笑着把我迎进去，给我盛好一碗粥，问我："加不加鸡蛋？"我说加。于是她给我加了一个鸡蛋。

每进来一个顾客，服务员都要问一句："加不加鸡蛋？"也有说加的，也有说不加的，大概各占一半。

我又走进左边那个小店。

服务员同样微笑着把我迎进去，给我盛好一碗粥，问我："加一个鸡蛋，还是加两个鸡蛋？"我笑了，说："加一个。"

再进来一个顾客，服务员又问一句："加一个鸡蛋还是加两个鸡蛋？"爱吃鸡蛋的就要求加两个，不爱吃的就要求加一个。也有要求不加的，但是很少。

一天下来，左边这个小店就要比右边那个多卖出很多个鸡蛋。

给别人留有余地，更要为自己争取尽可能大的领地。只有这样，才会于不声不响中获胜。

心理学上有个名词叫作"沉锚"效应：在人们做决策时，思维往往会被得到的第一信息所左右，第一信息会像沉入海底的锚一样，把你的思维固定在某处。在右边的小店中，你选择"加还是不加鸡蛋"，在左边的小店中，是"加一个还是加两个"的问题，这第一信息的不同，使你做出的决策就不同。成大事者常用此法达到自己的目的。

我们在做事时可以充分利用这种效应来传播信息和交流，引导对方做出对自己有利的决策。

18 狼和老太婆的故事

一只狼出去找食物，找了半天都没有收获。偶然经过一户人家，听见房中孩子哭闹，接着传来一位老太婆的声音："别哭啦。再不听话，就把你扔出去喂狼吃。"狼一听此言，心中大喜，便蹲在不远的地方等起来。

太阳落山了，也没见老太婆把孩子扔出来。晚上，狼已经等得不耐烦了，转到房前想伺机而入，却又听老太婆说："快睡吧，别怕，狼来了，咱们就把它杀死煮了吃。"

狼听了，吓得一溜烟跑回老窝。同伴问它收获如何，它说："别提了，老太婆说话不算数，害得我饿了一天，不过幸好后来我跑得快。"

别人信口开河，你就信以为真，全然不知许多时候人家只是在拿你说事而已。自己一惊一乍，乱了阵脚，正常的工作、生活全因为别人的话而改变了。

有些人经常会很在意别人的话，还真的以为自己就是什么焦点人物了。这样会使自己丧失主见，没了原则，做起事来没了主心骨，怎么可能把事做好呢？

19 积极交换信息

信息，广义地理解的话，它作用于人的一生。简单地将人与信息的关系按人的成长历程可划分为三个阶段：一、接收信息阶段；二、交换信息阶段；三、传播信息阶段。我们还可以将它与人生的三个心态作一比较。第一阶段，亲和力强，讨人喜爱；第二阶段，独立自主，积极向上；第三阶段，老练稳重，固执己见。对外界的感受力和年龄的关系就像鸡和蛋的关系一样，我们很难判断孰先孰后，但它至少感性地反映了一点，当你交换信息的欲望下降的时候，很可能你也“廉颇老矣”。

当然，这是从人本的角度来分析积极交换信息意味着什么。如果从操作的层面上看，它的价值又体现在哪些方面呢？

1. 用一句流行语可以概括为：提高魅力指数。愿意共享信息的人，能够更容易赢得别人的尊敬。坦荡无私的胸怀，乐于助人的品质，都将成为修饰你人格的偏正结构短语。

2. 大大拓宽你获得信息的渠道。当你与两个人交换信息，你就同时享有了三个人的信息；当你与三个人交换信息，你就同时享有了四个人的信息……

3. 改进人际关系，提高自我修养。

“独乐乐，与人乐乐，孰乐？”当我们回答“与人乐乐”时，这显示的是一种豁达的处世态度。快乐别人的快乐，痛苦别人的痛苦，这当然需要倾注内心的情感因子，但关键在于是否由己及人，时时设身处地地站在对方立场上看问题。

当我们确立了正确的价值理念后，积极交换信息，只是“张嘴之劳”而已。

20 充分发掘每一条信息的潜力

有一家效益相当好的大公司，决定进一步扩大经营规模，高薪招聘营销主管。广告一打出来，报名者云集。面对众多应聘者，招聘工作的负责人说：“相马不如赛马。为了能选拔出高素质的营销人员，我们出一道实践性的试题，就是想办法把木梳尽量多地卖给和尚。”

绝大多数应聘者感到困惑不解，甚至愤怒：出家人剃度为僧，要木梳有何用？岂不是神经错乱，拿人开涮？过一会儿只见应聘者接连拂袖而去，几乎散尽。最后只剩下三个应聘者：小尹、小石和小钱。

负责人对剩下的这三个应聘者交代：“以十日为限，届时请各位将销售成果向我汇报。”十日期到，负责人问小尹：“卖出多少？”答：“一把。”“怎么卖的？”小尹讲述了历尽的辛苦，以及受到众和尚的责骂和追打的委屈。好在下山途中遇到一个小和尚一边晒着太阳，一边使劲挠着又脏又厚的头皮，小尹灵机一动，赶忙递上了木梳，小和尚用后满心欢喜，于是买下一把。

负责人又问小石：“卖出多少？”答：“十把。”“怎么卖的？”小石说他去了一座名山古寺。由于山高风大，进香者的头发都被吹乱了。小石找到了寺院的住持说：“蓬头垢面是对佛的不敬。应在每座庙的香案前放把木梳，供善男信女梳理鬓发。”住持采纳了小石的建议。那山共有十座庙，于是买下十把木梳。

负责人又问小钱：“卖出多少？”答：“一千把。”负责人惊问：“怎么卖的？”小钱说他到一个颇具盛名、香火极旺的深山宝刹，朝圣者如云，施主络绎不绝。小钱打听到该寺住持的书法极其好，于是小钱对住持说：“凡来进香朝拜者，多有一颗虔诚之心，宝刹应有所回赠，以做纪念，保佑其平安吉祥，鼓励其多做善事。我有一批木梳，您的书法超群，可先刻上‘积善梳’三个字，然后便可做赠品。”住持大喜，立即买下一千把木梳，并请小钱小住几天，共同出席了首次赠送“积善梳”的仪式。得到“积善梳”的施主与香客，很是高兴，一传十，十传百，朝圣者更多，香火也更旺。这还不算完，好戏更在后头。住持希望小钱再多卖一些不同档次的木梳，以便分层次地赠给各种类型的施主与香客。

听起来荒诞不经。但梳子除了梳头功能，有无别的附加功能呢？我们在听别人的信息的时候，是否有扩展我们的想象力把它做得更好？

21 将信息转化为你做事的资本

有三个人要被关进监狱三年，监狱长答应满足他们一人一个愿望。

美国人爱抽雪茄，要了三箱雪茄。

法国人最浪漫，要一个美丽的女子相伴。

而犹太人说，他要一部与外界沟通的电话。

三年过后，第一个冲出来的是美国人，嘴里鼻孔里塞满了雪茄，大喊道："给我火，给我火！"原来他忘了要火了。

接着出来的是法国人。只见他手里抱着一个小孩子，美丽女子手里牵着一个小孩子，肚子里还怀着第三个。

最后出来的是犹太人，他紧紧握住监狱长的手说："这三年来我每天与外界联系，我的生意不但没有停顿，反而增长了200%，为了表示感谢，我送你一辆劳斯莱斯！"

这个故事告诉我们，什么样的选择决定什么样的生活。今天的生活是由三年前我们的选择决定的，而今天我们的选择将决定我们三年后的生活。我们要选择接触最新的信息，了解最新的趋势，从而更好地创造自己的将来。信息的畅通是所有企业发展的前提，特别是在现今这个信息时代，丧失了通畅的信息渠道也就意味着丧失了对顾客以及竞争对手的了解，丧失了企业竞争与发展的先机，这是万万不可的。

22 学会遗忘一些不必要的信息

很多时候阻碍我们掌握新的信息的关键就是我们不能忘记过去的信息。我们的脑子里重复出现的还是那些我们印象最深、而实际上已经不存在的事实或信息。比如说，若老是记得档案放在某个架子上而不是在我们后来放的柜子里，我们很有可能会找得满天飞，最后才在柜子里找到它。这件极小的事可能就会让我们感到头大，心里郁闷半天，觉得不顺。

要避免这样的混乱状态，我们必须学会管理自己的信息库，随手扔掉自己不需要的信息。在任何你意识到出现差错的时候不要下意识去记住它们，而要在解决了问题的时候留下深刻印象。否则我们脑海里老会出现这些问题来让我们胆战心惊一下，仔细一想才缓过神来。

另一个方法就是努力去记住这些重要的信息，当你要记住某一信息的时候，其他信息自然而然就会淡下去，因为记忆是一个平衡的过程。有进必有出，只是时间的问题，我们要做的是该出去的快出去。

第三章　成大事者做事离不开人脉

要做事就会有人际交往。能够妥善处理好各种人际关系，建立良好的人脉，做事就容易得到他人的帮助和支持。

23 人脉重要的原因

人是群居动物，人的成功只能来自于他所处的人群及所在的社会，只有在这个社会中游刃有余、八面玲珑，才可为事业的成功开拓宽广的道路，没有非凡的交际能力，免不了处处碰壁。

曾任美国总统的西奥多·罗斯福曾说："成功的第一要素是懂得如何搞好人际关系。"的确如此，在美国，曾有人向 2000 多位雇主做过这样一个问卷调查："请查阅贵公司最近解雇的三名员工的资料，然后回答：解雇的理由是什么。"结果是无论什么地区、无论什么行业的雇主，2/3 的答复都是："他们是因为不会与别人相处而被解雇的。"

很多成功的商界人士都深深意识到了人脉资源对自己事业成功的重要性。曾任美国某大铁路公司总裁的 A·H. 史密斯说："铁路的 95%是人，5%是铁。"美国"钢铁大王"及成功学大师卡耐基经过长期研究得出结论说："专业知识在一个人成功中的作用只占 15%，而其余的 85%则取决于人际关系。"所以说，无论你从事什么职业，学会处理人际关系，你就在成功路上走了 85%的路程，在个人幸福的路上走了 99%的路程了。无怪乎美国"石油大王"约翰·D. 洛克菲勒说："我愿意付出比天底下得到其他本领更大的代价来获取与人相处的本领。"

所以，你要想成功，就一定要营造一个适于成功的人际关系，包括家庭关系和工作关系。中国有句古话，叫作"家和万事兴"。你与配偶的关系如何，决定了你与子女的关系，而家庭关系给我们与别人的关系定下一样的模式。同样，我们与同事、上司及雇员的关系是我们的事业成败的重要原因。一个没有良好的人际关系的人，即使再有知识，再有技能，那也得不到施展的空间。对此，美国商界曾做过领导能力调查，结果显示：

1. 管理人员的时间平均有 3/4 花在处理人际关系上；
2. 大部分公司的最大开支用在人力资源上；
3. 管理的所定计划能否执行与执行成败，关键在于人。

可见，任何公司最大、最重要的财富是人。

在国内，人脉资源更为重要了，如果你想获得事业的成功，尽早建立自己的人脉资源网吧。如果你的人脉上有达官贵人，下有平民百姓，而且，当你有喜乐尊荣时，有人为你摇旗呐喊，鼓掌喝彩；当你有事需要帮忙时，有人为你铺石开路，两肋插刀，你就能感到人脉的力量！

专业知识在一个人成功中的作用只占15%，而其余的85%则取决于人际关系。

人脉对现代人而言，似乎成了成功与否的最大关键，因为谁也无法预知自己的下一步如何。工作上的协助，生活中的资助，团队间的互助，就连最简单的买菜，也若有似无地瞧出一个人的“关系”好坏！

有人三块钱只能买一把菜，偏偏就有人能三块钱买一把菜还外带一堆葱姜蒜，或许有人会说那只是贪小便宜，也对；但是请仔细思考，便宜人人想贪，但是却不是人人能得到！

相信以下的对话各位一定不陌生。A说：“最近想买一台计算机，可是我也不太懂要买什么等级的，市面上种类又多，真不知要从何下手。”于是B说：“我有一个朋友家里在卖计算机，他自己对计算机也很熟悉，要不要我帮你介绍认识？也许可以给你一些建议。”A回答：“那真是太好了！这样我就不用担心买到不合适的计算机了。”各位一定都有类似的经验，会发现周围的朋友有些是同学或者同事，有些则是直接通过朋友的介绍而变成朋友，如此一来，认识的人越来越多，人际网就越来越绵密了，因情感作用而相互帮忙、关心及支持就越多，有助于解决生活上、工作中发生的难题。

24 人脉是你融入社会的基础

生活中，一个人如果能处理好自己的人际关系、拥有一个好人脉，那么他开创成功未来的概率就会加大，有时候好人脉甚至比机遇和才能更容易让你走向成功。

戴维·丁·马赫尼的经历，更能为我们说明通过处理好人际关系获得好人脉的重要性。他虽然年轻，但他所做的每一件事皆是拥有好人脉而获得成功的。目前，他已经拥有一家属于自己的广告代理公司了。他与广告界的缘分，是从服务于纽约著名的广告公司路斯莱思开始的。当他准备出来自己创业时才 27 岁，那时的他已是公司的副总经理，手里掌握着该公司最大的两家客户，同时，他的年薪是 10 万美元，由于公司具有十足的发展潜力，因此他的前途也很光明。

但是，他仍然希望能拥有一家自己的公司，他认为“打铁须趁热”，再不开始展开抱负，可能要坐失许多良机！于是，在 27 岁那年，他辞去了令人羡慕的显职，而投身于自己的事业。很多朋友都为戴维感到担心，因为这个时候广告业竞争激烈，除了实力雄厚的大公司外，各个小广告公司都是摇摇欲坠，在这个时候办广告公司可实在不是个好时机，然而戴维没有退缩，他过去的一些交际关系派上用场了。

通常来说，广告业界比其他行业更重视个人交际，更重视人脉，甚至可以说广告业就是建立在人际关系上的，要靠交际才能得以维持。一家广告代理公司建立之初，最重要的课题就是如何才能获得顾客，此时，公司职员们过去的个人交际便能产生极大作用。

戴维曾经是许多公司的代理者，信誉卓著，各方面关系都不错。所以，他的公司一开业，便有厂商指名要他代理，这使他的公司的业绩蒸蒸日上。

五年后，他的公司已雇有 35 名职员，全美各地都有他们的客户，其中足以维持公司业务的大客户共有 15 家之多。他本身所具备的专业知识及其说服力皆是他成功的重要保障。

戴维就这样利用好人脉“赢取”着成功，但他是否从此就满足而不再前进了呢？

当然不是。据说，他后来又创办了一家俱乐部，该俱乐部是同业友人聚会的场所。凡是会员，业务上有任何疑问或困难，都可以在俱乐部公开提出讨论或在会员间彼此交换意见。俱乐部的会员中，有一流的出版业者、广播业者、广告业者等，几乎都是社会上的精英分子。

戴维本身在进行某一新企划之前，也会在俱乐部征求各方面专家的意见，他对于在那儿讨论出的结论极有信心与把握。在那里，他认识的人越来越多，人脉越来越好，事业也跟着水涨船高，越做越好了。

可以说，戴维之所以能迅速成就自己的事业，很大程度上都得益于他的好人脉。也许他没有碰到好机遇，但他良好的人际关系弥补了这个缺欠。如果戴维不是与各方面都有良好的关系的话，那么他的广告公司就很难在激烈的竞争下生存发展。

要想迅速成就一番大事业，你就必须努力拓展自己的人际关系，有了好人脉，你才能把握住机遇、发挥出你的才能。轻视人际关系的人就是在拒绝机会；没有好人脉的人就很难敲开成功的大门！

25 人脉让你对自己变得更自信

在人生的不同阶段，需要培养的重点是不同的。比如，一名新的销售员的重点应在培养销售的能力上。在这个时间，他并不需要刻意把重心花在建立关系上，而是利用每一次把事做好的机会，附带建立人脉关系。当他有了几年的销售锻炼之后，就应该转入销售与人脉关系并重的阶段。如果他已经有了长达十几年甚至是几十年的销售经验，那么这时候，他就应该视发展人脉网优于开展销售，因为销售的部分可能已经不需要花太多的时间，而人脉网却能为这些销售添加更高的附加值。

曾经有这样一篇文章，文中提出，如果一个社会上的普通人在35岁之前仍未建立起牢固的人脉网，那他将会有很大的麻烦。文章还指出，这个人脉网应包括：我们的同事，受过我们恩惠的人，我们倾听过他们问题的人，和我们有着相同的爱好的人，等等。

人在一生中必然要和各种各样的人发生这样那样的关系，包括父母、夫妻、亲戚、朋友、上司、同事、下属等各种关系。你的人脉关系的质量影响着你的事业和生活的方方面面。人际关系越和谐，你的工作成果和个人成就也会越突出，事业生活中的乐趣也就越多。你在事业之外的幸福和个人生活的质量也都取决于你与他人交往的方式，取决于你能否轻松地建立并维持友好、诚挚和长久和谐的私人关系。

一名西方商人在中国经商8年后认识到：在中国为人处世，特别要花心思，这是一个重人情胜过实效、不看僧面看佛面的国度。这种认识虽失之偏颇，但也不是没有根据的。很多时候，做人确实比做事重要。人缘好、有声誉的人，凡事都可以轻而易举地办成。反过来，不少恃才傲物的人往往到处碰壁，怀才不遇，荒废满腹经纶，以致终生默默无闻。

美国著名成人教育家卡耐基认为人脉关系是成功的最重要的因素。他指出：一个人事业的成功，只有15%是由于他的专业技术，另外的85%要靠人脉关系、处世技巧。外国成功学者普遍认为，喜欢别人，又能让别人喜欢的人，才是世界上最成功的人。

广泛与人交往是机遇的源泉。交往越广泛，获得机遇的几率就越高。成功的人大多善于交往，喜欢广泛交际。成功的人大多是有关系网的人。有许多机遇就是在与朋友的交往中出现的，有时甚至是在漫不经心的时候，朋友的一句话、朋友的帮助、朋友的关心等都可能化作难得的机遇。在很多情况下，就是靠朋友的推荐、朋友提供的信息和其他多方面的帮助，人们才能获得难得的机遇。

每一个伟大的成功者背后都有其他成功者的支持。没有人是自己一个人达到事业的顶峰的。假如你决心成为出类拔萃的人，千万不能忽视人脉关系。不过，在现实生活中，有许多人对人脉关系的重要性并没有深刻的认知，通常也不愿花时间在这上面，往往到了关键时刻，才发觉自己的人脉关系太少。其实，经营我们的关系网，就是为我们日后的成功埋下伏笔。

26 有了人脉才能谋更大的发展

“生时靠人带，死时靠人拜”。人脉对现代人而言，成了成功的关键。20 世纪 60 年代末期美国一位心理学家曾经说过，世界上任何两个人，最多通过 6 个中间人，即可串联出这两个人的相互关系。只要在关键时刻找到关键人，事情就成功了一半。

一个优秀的统帅，一定是一个会合理利用自己资源的人，他能够使上至将军、下到士兵的人员都达到人尽其才，这样一来，军队人员才能达到最优化的调配，才能打胜仗。其实，日常生活中也是如此。

人脉不仅是你日常生活的润滑剂，更是你事业成功的催化剂。成功在很大程度上取决于你拥有多大的权力和影响力，与适当的人建立稳固关系对此至为关键。在打造关系网的过程中，已经认识的人很重要。所以说，你目前的联络网是铺造你未来关系网的原料。

人脉就是财脉，关系就是能力。经济的飞速发展，带来了人脉关系的重新排列和组合。一个人一生所面临的各种关系比以前更新鲜、更复杂，变化也更快。这就要求我们头脑更灵活，更快适应社会，花费更多的心思，动用更多的手段，去经营好周围的人脉关系。处理得好，这些关系就是你一生最宝贵的资源，为你出人头地、走向事业的顶峰提供源源不断的助力；处理不好，则会给你的人生带来很大的障碍，造成很大的损失。因此说：“人脉决定命运。”

东晋时，司马睿移都建邺后，对于能否在江东站住脚，没有十足的把握。因为江东士族们对他表现得十分冷漠，在相当长的一段时间里，居然没有一位名流拜会他。

江东士族的态度使司马睿和王导焦虑不堪，如果得不到众多士族的支持，在江东站住脚将无从谈起。为此，王导和王敦决定选一个良辰吉日拥司马睿出巡，来观察江东士族的动态，再决定下一步如何行动。这一天，司马睿出游，北来名流摆出全部仪仗追随其后。在出游过程中，他故意从顾荣、纪瞻等人的宅第绕行，终于得到了他们的拜见。

王导代表司马睿拜访顾荣和贺循，向他们请求帮助。这是政治礼遇，也是一个信号，它表明司马睿有意重用江东士族。顾、贺二人欣然接受。司马睿终于同江东士族拉上了关系。在顾、贺二人的影响和推荐下，其他江东人士相继而至。司马睿分别给他们晋级封爵。其中顾荣是司马睿非常器重的人，事无大小，都找他来商议。对于江东士族来说，这确实是东吴灭亡以后少有的光辉时期。为了搞好与江东士族们的关系，王导还学说吴语，并提出与吴郡陆氏联姻的要求。不久，散骑常侍朱嵩和尚书郎顾球逝世，鉴于吴郡朱氏和顾氏都是江东名门望族，司马睿为表达他的心意，勇于突破仪制，亲自为他们举、发丧。司马睿接二连三的举动，使江东士族大为感动，纷纷向他投靠。司马睿终于被江东士族确认为自己利益的最高代表。

有了众人的支持，司马睿终于可以松一口气了。有了众人齐心协力的帮助，他的江东政权便逐渐稳定了。由此可见，众人的支持是一个人一生不可缺少的支柱。赢得人心，你才能拥有众人；依靠众人，你才能在社会中站稳脚跟。一个成就大事的人，背后肯定有坚实的人脉基础，这是刀砍不断、火烧不烂的根深蒂固的基石。他们往往依靠这种力量，成就了自己的事业。

27 有了人脉就有了竞争力

张权是某中学教师，毕业于著名大学的他知识广博、教学认真，学生对他的评价都还不错。只不过这个人性格又硬又直，和同事的关系始终不太好。即使是十多年的同事，彼此也是爱理不理、冷冷清清的。学校的教务主任调走了，校长要从教师中提拔一个人担任此职。按资历、按能力，张权都是第一人选，因此校长就悄悄找他谈了一次话。没想到这风声刚一放出去，一大群人就找上了校长，这个说不行，那个表示反对，而且都说得头头是道，理由一大堆，不能不叫人心中来回打鼓。说到最后，校长耳软了，终于打消了让张权当教务主任的想法。而能力不如张权，但人脉却很好的王霖却在众人的举荐下被提升为教务主任。

张权人脉不好，虽然能力出众但却最终落选，而他的对手虽然能力不如他，但因为占了个“人和”的优势，反倒成功晋职。很多时候，人脉就是评判你是否有竞争力的标准。人脉越好，竞争力也就越强，对企业、对个人都是如此。

想在现代社会里生存、发展，就必须具有较强的竞争力。竞争力是一个综合性的指标，它不仅指才能、素质等方面的条件，还与人际关系有重要关联。有好的人脉，做事时就会得到众人的支持，在竞争中就会处于优势地位。而人脉差的话，在你困难的时候就得不到帮助，甚至还会有人跳出来踩你两脚，这样一来，在竞争中你就会居于劣势。

浙江的白先生经营着一家制鞋厂，他主要做出口生意，很少内销。白先生常说：“眼睛只盯着钱的人做不成大买卖。买卖中也有人情在，抓住了这个人情，做买卖也就成功了一半。”白先生对此是深有体会的。1992 年，白先生的皮鞋厂还是一个只有几十个工人的小厂，凭着质优价廉勉强在国际市场上混口饭吃。有一次，一个法国客商订了 50 双皮鞋，白先生按对方的要求包装完毕后运到码头准备发货，就在这时，这个法国客商却突然打来电话，请求退货，原因是该客商对当地市场估计错误，这批货到法国后将很难销售。退货的要求是毫无道理的，白先生大可一口拒绝对方，反正合同都已经签订了。但经过一天的考虑后，白先生却决定答应对方的退货请求，因为对方答应支付包装、运输等一切费用，这批鞋由于是外贸产品，在国内市场上应该可以销售得出去，所以白先生等于毫无损失。而最大的好处是，他这样做等于是救了法国客商，双方将建立良好的合作关系。事情果然如白先生所料，法国客商非常感激白先生的大度，表示以后在同类产品中将优先考虑白先生的产品，他还不断向自己的朋友夸奖白先生，为白先生介绍了很多生意。就这样，白先生以他富有人情味的生意经成功地在国际市场站稳了脚。两三年内，白先生的工厂不断扩建，有500多名工人为他工作，他的生意越做越大了。

白先生是非常聪明的，他清楚地认识到人脉对做生意的重要性。如果当时他拒绝了法国客商的退货，那么虽然他做成了一单生意，却会失去这个客户。而答应了退货要求呢，表面上看他是吃了点亏，但他却交到了一个朋友，孰多孰少，明眼人一看就知道。

在生活中，人脉也可以为一个人的成功加上筹码，让他在竞争中轻松得胜。

某单位要在年轻工作人员中提拔一位办公室主任，各方面条件都比较符合的人选有两个：张欣和甄东。总体来看张欣的条件还要比甄东好一些，不过甄东也有他的优势：人脉好。张欣外号叫作“不求人”，总是表现得志得意满，一副谁也用不着的样子，因此在单位里，很少有人和他来往。甄东却正好和他相反，他待人热心，同事们遇到什么事，只要喊一声“小东”，他马上就乐呵呵地跑过来，这样一来，单位里的人都和他关系不错。这个办公室主任的职位，两人都很看重，明里暗里较起劲儿来。张欣知道自己人脉不好，于是就想从领导那里打开门路，没想到适得其反，送给领导的礼物被推了出来，还惹恼了领导。最后领导决定用投票的形式来推举，结果甄东得到三十一票，高票当选，张欣却只得到了可怜的两票。张欣的悲哀在于，他没有认识到人脉的重要性，平时不烧香，等到需要用人时再去求已经太晚了，本来他的条件要比甄东好，但因为人脉太差，结果在竞争中一败涂地，所以，张欣应该认真反省一下自己在人际关系方面的做法，否则今后再有类似的竞争，他也很难取胜。

现代社会，人际关系给我们个人发展带来的影响越来越大，所以，我们除了要努力打磨自己的才能外，还要注意搞好人际关系，让自己有个好人脉，这样才能适应日益激烈的竞争，并在竞争中取胜。

28 好人脉让你更容易出人头地

李江是个勤勤恳恳的人，工作认真负责，自认属于“实力派”。然而，在单位工作了近五年却依然是个小科员，许多和他同期进单位的同事不是被外调就是被提升，只有他还在孤孤单单地坚守原位。那么，李江为什么无法出人头地呢？其实去他们单位看看就知道了。李江在单位里和谁都不冷不热，当然也不会去巴结领导。同事们一起去聚餐、唱KTV的活动，李江很少参加，即使去了也是坐在一边看杂志，用手机发短信；他不愿意给同事提供帮助，自己也轻易不求助于同事……久而久之，领导和同事对他都失了兴趣，只有分配工作时才会想起他来。他的辛勤努力，同事看在眼里也不会对他有一句赞赏，领导也没有注意到他的认真诚恳，只是觉得他工作还算负责而已，就这样，李江还在勤勤恳恳地工作着，不过他依然是个小科员。

李江也渴望出人头地，不过他用错了方式。实力是一个人取得成功的基础，但人脉也是不可忽视的辅助力量，一个人如果只有实力，没有人脉，那他就会像李江一样，很难获得领导的青睐，也得不到出人头地的机会。所以我们应该记住这一点：实力加上好人脉才能帮你走向成功。

大多数人相信：“只要我尽本分把事情做好，达到该有的业绩，上司就会对我如何如何。”结果，事实并非如此。在某些主管眼中，他认为你的表现不过是平平而已，除非他认为你确实很重要，你的作为让他感到脸上有光，公司不可一日没有你，否则你很难得到升迁。再者，如果公司有人和你条件相等，主管通常提拔和他自己相近的人，如此才好巩固他的地位。

小郑和小吴2002年大学毕业后，一起进入某单位工作。论才干，两人可以说是不分上下，但小吴嘴甜、活络、会来事儿，小郑却有点木讷。就是这一点差别，让两人的地位很快发生了变化。刚进单位时，老主任就对他们说：“在我这里，你们只能通过自己的本事来取得成绩，获得晋升，歪门邪道是绝对行不通的！”两个人都有真才实学，试用阶段的工作完成得都很不错，老主任还特意表扬了他们一次。一段时间后，小吴已经不是刚进单位时的那个小吴了，他成了办公室里的大红人：单位里谁的电脑出了点问题都要喊小吴；下班后男同事拉他一起去喝酒、打球；周末他腾出时间义务帮同事的孩子补习功课；知道老主任喜欢抽自制的烟卷，他又特意让父亲从山里带来一捆自家种的烟叶……就这样，单位里每个人都夸小吴好，老主任也觉得小吴工作成绩好，才能出众，又不浮躁，作为年轻人，实在很难得。一年之后，老主任将小吴提拔为宣传干事，结果不但没有人非议，大家还都夸老主任是伯乐，慧眼识珠，像小吴这么优秀的年轻人早该提拔了，从此老主任更器重小吴了。小郑呢？一年多来，几乎没有什么人注意到他的存在，尽管他的能力也很不错，但因为人脉太差，他很难得到让自己充分发挥才能的机会。

小吴的成功除了因为自己确实有真才实学外，和他的好人脉也有莫大的关系。他的好人脉使自己的一举一动格外受人注目，自己的优秀才能也因此得到了大家的认可，不仅如此，好人脉也为他的升迁扫除了障碍，没有人嫉妒他，没人说他的坏话，这对一个初入社会的年轻人来说，无疑是非常重要的一件事。小郑在这方面做得却很失败，他无法正确处理办公室内的人际关系，虽然也付出了很多努力，但却无法受到重视。

所以，在工作单位里，我们必须建立良好的人际关系，否则你就很难打入公司的核心，出头的机会小之又小。你不必怀疑这种论调。研究组织管理的剑桥大学勒文森博士就说得很清楚：“所有的组织必定有小派系。因为，组织是由互相扶持的个人或团体共同组成的，以完成工作。”你不妨探出头去，四处望望，想想周围那些已经坐到好位置的人，是不是都有好人脉。

上班族在爬升的过程中，利用人际关系可以达到个人目标，这几乎是不容争辩的事实。而你的人际网络应该是一种有组织的联络，彼此经常互换消息、接触、建议和支持。这种人际关系就是“你抓我的背，我也抓你的背”，一报还一报，彼此维持合理的平衡。

当然，光有好人脉也是不够的，你必须有真正的实力。因为工作中随时会出现各种变动，而面对变动，也就是考验实力的时候。如果你到目前为止所享有的一切全都是靠别人的赏识或关系而来，你恐怕真的前途暗淡。你要记得那些当初被你挤下去的，大概早在旁边拍手叫好，等着看你出洋相。不过，假使你是实力派，别人会比较同情你。顶多认为运气不好罢了。这时候，你得学会沉默、忍耐的功夫，暂先隐居一段时间，只要是真正的人才，最后总是能否极泰来，反败为胜。

29 好人脉才能带来好收获

魏某在A市的商界是个响当当的人物，他做起生意来六亲不认，辣手无情，他最常说的一句话就是“商场无父子”，因此几年下来，虽然他积聚了不少财富，但也得罪了很多人。魏某经营的是一家纺织厂，他所生产的纺织品大部分都是内销，因此他总是不择手段地排挤对手，抢占市场份额，有三家小纺织品厂就曾吃过他的亏。更恶劣的是，他还总喜欢当众嘲弄弱于他的竞争对手：什么“手下败将”，什么“不堪一击”……他的朋友曾劝他说：“老魏，不要做得太过分。大家都是生意人，为什么一定要得罪人呢?”魏某却不愿听朋友的意见，“得罪人怎么了？我还怕他们不成!”一段时间后，魏某的仓库因为值班人员乱扔烟头着了火，十万余件毛衣、毛裤付之一炬。大小客户纷纷上门催讨货物，魏某想从其他纺织厂借一批应急，可由于平时关系弄得太僵，根本没有人肯借他；加紧生产一批吧，又没有原料。原料供应商和他没有交情，不肯借贷给他。无奈之下，魏某只好变卖房产赔付高额的违约金，工人也一个个地辞职，最后除了几间破烂的厂房，魏某一无所有。

魏某平时人脉太差，因而遇到困难时“叫天天不应，叫地地不灵”，没有人愿意帮他，最后落得个破产的下场。人脉对于推动我们事业的发展是非常重要的，我们无论做什么事都要注意培养人脉，即便是在竞争激烈的生意场上也要如此。

何谓人脉？个人和群众的关系好，招人家喜欢，办事便一路绿灯，平常人们所说的“结人脉”便是这个意思。人脉主要是个人与众人的感情联系。一个人应有自己的个性，但为了事业成功，为了大家能接受自己，也必须适当争取人脉。而人脉作为一种人与人感情联系的结果，是人们平时努力争取得来的。

著名青年企业家王英俊就是利用人脉获得成功的一个好例子。王英俊有很多外国朋友，其中，既有外国的企业家，也有外国的一些著名人物，如美国著名银行家坦姆斯·斯通和日本企业家竹下登。

英俊高科贸有限公司刚刚成立，王英俊马上就想到，应利用坦姆斯·斯通的国际影响，推动英俊公司走向世界。于是，他便向斯通发出了邀请。斯通欣然应邀，当他听到王英俊“凡有利于中美友好的，我都做；凡不利于中美友好的，我都不做”的许诺时，斯通也允诺：“那么，今后你要我办事，我不要你的钱。”以后，斯通多次访问英俊高科贸有限公司，为英俊高科贸有限公司快速地与世界各国建立广泛的联系起到了很重要的作用。

王英俊非常重视人脉的建立和维护。他常常做出一些超越公务关系，表示私人友情的举动。有个日本客户一次对王英俊说，最近一个时期实在太紧张，突然脱发。记在心上的王英俊回国后，马上买了30瓶疗效较好的毛发再生精送给他。此外，他还送给客户一件中国瓷雕，在一只瓷盒上印了那位日本企业家的照片。他说：“这些礼品并不贵重，它只表示情意。”王英俊称之为“动脑筋的礼品”。

王英俊不但重视与著名人物的交往，对普通客人同样是有情有义。

一次，王英俊接待了一位德国客户。下飞机时恰逢大雨，那位客人浑身湿透了。王英俊一见立刻让人把那位商人的衣服弄干，熨平，10分钟内送还。那位德国客人为此深受感动，不仅谈成了生意，而且还成了王英俊的好朋友。

王英俊曾经说过：“买卖不成人情在。这是中国老工商业家的法宝之一。生意人要讲究商业渠道，但同时必须讲究人情渠道。有时人情渠道比商业渠道更重要。板起面孔，硬碰硬，一定做不好生意。我是商场中人，不是官场中人。俗话说商场如战场，但商场毕竟不是战场，商场要用心、用情。”

在许多人眼中，商场就是战场，充满了尔虞我诈、你死我活的斗争，根本没有什么人情好讲。其实不然，要想不在商场上的激烈竞争中垮掉，你就必须像王英俊一样懂得培养人脉，善于用“情”，与众人保持良好的人际关系。

好人脉，说到底就是一个人与众人保持的一种互信互利的良好人际关系。有个好人脉，办事就会同心同德，遇到困难，众人就会尽力帮助。总之，无论商场还是职场，好人脉都会给你带来意想不到的收获。

30 多结交带社交圈的朋友

每个人的人脉网都是不一样的，朋友身边的朋友也有可能成为你的朋友。这就如同数学上的乘方，以这样的方式来建立人脉，速度是相当惊人的。尤其对于那些一流人物来说，这种方式就更容易见效。

假如你认识一个人，他从来不给你介绍他的朋友。但另外一个人说："下星期我们有个聚会，你来参加我们的聚会吧。"等你到了那个聚会，发现这些人都是五湖四海的人，你便有机会和每一个人结交了。这就是不带圈子的人和带圈子的人所产生的不同的附加价值，你觉得哪一个更加有用呢？

在关系网中，朋友的介绍相当于信用担保，朋友要把你介绍给其他人，就意味着朋友是为他做担保。基于这一点，你可以请你的朋友多介绍他的朋友给你认识。就像你做产品推销一样，如果你的新客户是由一个很强有力的老客户介绍的，这位新客户就会很快接受你和你的产品。

孙正义的成功，无疑和他善于利用人际关系有极大的联系。在他创业之初，他就有意识地扩充自己的关系网，并利用各种场合寻找对自己有用的人。这中间，他尤其喜欢那些人际关系比较丰富的人，因为这些人可以为他提供更多的与别人结识的机会，从而帮助他建立更多的关系。与南部靖之的结识就使他受益匪浅。

南部靖之出生于1952年，比孙正义大五岁。他在读书时就成立了株式会社帕索那人才派遣公司，自任董事。后来，帕索那成了最大的人才派遣公司。那时，孙正义刚刚从病魔中脱身，急于寻找人才。为了得到有用的关系的帮助，孙正义参加了一次由各界企业家组成的研讨会。孙正义与南部靖之就是在一次公司社长们的聚会上会面的。

到了吃饭时间，那次吃的是日本饭。孙正义认真地听着别人说话。因为是第一次参加这样的聚会，神情有点紧张，也不敢怎么说话。这时，身边忽然发出"哧溜哧溜"的声音。原来，是南部靖之把米饭倒进了酱汤里，正大口地扒着饭菜。周围的人都愣住了，孙正义认为这个人的本领一定十分了得。于是吃过饭后，孙正义就径直朝南部靖之走过去，与之交换了名片。

之后，孙正义经常和南部靖之吃饭，一起谈论工作和事业。孙正义具有天生的亲近感，使得比他年长的南部靖之对他有一种很信赖的感觉。通过南部靖之的帮忙，孙正义得到了很多优秀的人才，为事业的发展积累了足够的人才基础。此外，南部靖之也是一个人脉关系非常广泛的成功企业家，通过与他的交往，孙正义认识了更多的企业经营者，这些人在后来都为他的事业提供过帮助。孙正义称这些后来认识的朋友为“新兴合作伙伴”。

就这样，孙正义先从一流人物身上得到最有价值的东西，然后通过他们的介绍又结识了更多的人，使得他的人际关系网迅速地、螺旋般地扩大起来。通过这些手段，孙正义聚集起大量的人、财、物、信息等财富，为生意的扩大奠定了雄厚的基础。利用关系网来发展关系，是最聪明的生意人才会使用的方法。

当我们的人脉关系连接成社会网络的时候，我们就可以把建立关系的成本降到最低。我们不需要花更多的时间去做介绍，不需要花更多的时间去请客吃饭，就可以为自己建立起稳固的关系。

31 提升自己，结交名流

既然能成为社会名流，其影响力、行动力以及人格魅力肯定都达到了相当高的程度，其中一定有许多值得生意人学习的地方。更重要的是，若能与他们搭上关系，获得他们的赏识，无形中便增强了自身的实力，从而获得更多的成功机会。不过，要想实现这个目的，除了自身须有过硬的专业本领外，还需讲究一些基本的交际方法。

1. 提前搜集、了解有关材料

对于我们欲结识的社会名流的有关材料，应尽力搜集，多多益善，力求全面、详细。比如他的出生地、过去的生活经历、现在的地位状况、家庭成员，个人兴趣爱好、性格特点、处世风格，最主要的成就，在某一领域的影响力等。总之，凡是与他有关的材料，只要能搜集到的就尽力搜集。这是我们实现与他结交并深入发展的基础。

2. 托人引荐

这是比较常用的办法，通常托那些与名流交往密切的人作为中间人帮助引荐，会起到事半功倍的效果。因为名流对与他交往密切的人引荐来的人，自然会刮目相看，郑重接待。找中间人须注意的是，我们要设法获得中间人的了解、信任与欣赏，这样他才会有引荐的积极性。通常，对一个不太了解或不太赏识的人，中间人是不会轻易引荐的。因为如果贸然引荐，令名流不愉快，无形中会破坏他自己在名流心目中的良好印象，非常不划算。

3. 自己主动结识

这也是比较常用的一种结交名流的办法，就是“冒昧”地给名流写信、打电话，或者到有名流参加的各种社交场合去接近他们，主动提出结识请求。这种方法也不乏成功的案例。这时，我们更要表现出自己慕名而访的诚意。

比如，最简便的方式，我们可以通过写信向名流请教。须注意的是，我们的信要有独特的地方，提的问题新颖，甚至能启发他思考问题，能引起他的兴趣，这样才能得到较为满意的答复。

4. 不卑不亢，适度恭维

名流也是普通人，也有七情六欲、喜怒哀乐，因此我们在与名流交往时，应保持一颗平常心，不卑不亢，不要拘谨也不要太直露。举止言谈，应落落大方，不要给人以谄媚、讨好的感觉。

一般人对名流都会怀有敬佩之情。我们很真实地表达自己的钦佩之情，适当地恭维一下也无不可，但一定要让他感觉出我们的称赞是发自肺腑之言。因为他早已听惯了奉承话，甚至对此已有些麻木，如果我们再进行俗套的吹捧已难以引起他的兴趣。如果要吹捧的话，倒不如找些别人尚未吹捧到的地方。

5. 慎重选择话题

交谈前，我们应对名流所从事的职业、专长、兴趣等有一定的了解，力求能给他留下良好的“第一印象”，为今后的交往打下基础。

交谈中，一定要多谈一些他平生最为得意的成就，而不要总“挠不到痒处”。最好选择一些能显示出我们对他关心的问题，如早晨何时起床、身体状况如何等。在谈话过程中，要保持谈话轻松自然，避免谈起那些令人不快的话题。另外，切忌班门弄斧，不懂装懂，说些外行话。

32 选择适当的交际人群

成功建立关系网的关键是和适当的人建立稳固的关系。良好的人际关系能拓宽你生活的视野，让你了解周围所发生的一切，并提高你倾听和交流的能力。

1. 建立内部圈

当你对职业关系有所意识，并开始选择可以助你一臂之力的人时，你可能不得不卸掉一些关系网中的额外包袱。其中或许包括那些相识已久但对你的职业生涯无所裨益的人。维持对你无甚益处的老关系只会意味着时间的浪费。

良好、稳固、有力的人际关系的核心必须由10个能左右并靠得住的人组成。这首选的10人可以包括你的朋友、家庭成员和那些在你职业生涯中彼此联系紧密的人。他们构成你的影响力内圈，因为他们能让你发挥所长，而且彼此都希望对方成功。这里不存在钩心斗角的威胁，他们不会在背后说你坏话，并且会从心底为你着想。你与他们的相处会愉快而融洽。

当双方建立了稳固关系时，彼此会激发出强大能量。他们会激发对方的创造力，使彼此的灵感达到至美境界。为什么将你的影响力内圈人数限定为10人呢？因为强有力的关系需要你一个月至少维护一次，所以10人或许已用尽你所有的时间。

还有就是，你应该同至少15个，可以作为你10人强力关系圈后备力量的人保持联系。假定你的一位主要关系退休或移民国外，最好的替补就是你的后备军。事实上，只要你能每月定期和他们联系，无论是通过电话、传真、聚会还是电子邮件或信件，这个团体的人数都可以超过15人。

2. 交往时保持慷慨大方

在试图与你建立关系时，人们总会问你是做什么的。如果你的回答平淡似水，比如只是一句“我是IBM的一名经理”，你就失去了一个与对方交流的机会。比较得体的回答是：“我在IBM负责一个小组的管理工作，主要为我们的军事侦察卫星开发监视软件。我也喜欢骑马，常常打网球，并且热爱写作。”在不到15秒的时间里，你不仅使你的回答增添了色彩，也为对方提供了几个话题，说不定其中就有对方感兴趣的。当他回答“哦，你打网球？我也喜欢”时，你们就开始打造关系了。

建造关系网络必须遵守的规则，绝不是“别人能为我做什么”，而是“我能为别人做什么”。在回答别人的问题时，不妨再接着问一下：“我能为你做些什么？”保持联络是成功建立关系网络的另一关键。《纽约时报》记者问美国总统克林顿，他是如何保持自己的政治关系网的。当时他回答道：“每天晚上睡觉前，我会在一张卡片上列出我当天联系过的每一个人，注明重要细节、时间、会晤地点和其他一些相关信息，然后添加到秘书为我建立的关系网数据库中。这些年来朋友们帮了我不少忙。”

要与关系网络中的每个人保持积极联系，唯一的方式就是创造性地运用你的日程表。记下那些对你的关系特别重要的日子，比如生日或周年庆祝等。打电话给他们，至少给他们寄张贺卡，让他们知道你心中想着他们。

3. 运用创造性的技巧

观察他们在组织中的变化也同样重要。当你的关系网成员升职或调到新的组织去时，祝贺他们。同时，也让他们知道你个人的情况。去度假之前，打电话问问他们有什么需要。当他们落入低谷时，打电话给他们。不论你关系网中谁遇到麻烦时，立即与他通话，并主动提供帮助。这是表现支持的最好方式。富有建设性地利用你的商务旅行。如果你旅行的地点正好邻近你的某位关系成员，不要忘记提议和他共进午餐或晚餐。出席对你关系很重要的活动，不论是升职派对，还是其女儿的婚礼。如果你不去，他们也会知道的，所以要去露露面。至少每三个月变动一下你的关系网。要多提类似“为什么要保留这个关系”的问题。如果你不更新或增加新人，你的关系网络就会陈旧。

为你的关系网络和组织提供信息。时刻关注对网络成员有用的信息。定期将你收到的信息与他们分享，这是很关键的。优秀的关系网络是双向的。如果你仅仅是个接受者，无论什么网络都会疏远你。搭建关系网络时，要做得好像你的职业生涯和个人生活都离不开它似的，因为事实上的确如此。

33 多认识一些关键人物

上班族在一生中无论如何积极地扩展人际关系，也不可能和认识的所有人进行长期交往。为了和一个人保持密切的交往，务必筛选自己所结识的人。倘若不如此，只会不断增加毫无意义的名片库藏量而已。即使好不容易认识了可以发挥作用的人，如果不加筛选，一定会被埋没在名片堆里。比方说，只要参加宴会或研习会，收到的名片可能相当可观。然而，你不妨认为在这堆名片中，可以成为人际关系关键人物的只有一个人而已。出席任何性质的聚会时，你应该抱有着只要能碰见一位这样的对象便是收获的念头。

即使是电影或小说，也没有人会认为自己看过的每部作品都生动有趣。让人产生想再看一遍、再阅读一次的作品，必定只占其中的一小部分。为了遇见这一小部分的作品，必须先遇见数量庞大的拙作。从观赏到的数十部电影中，只要能遇上一部让你钟爱一生的作品，即堪称幸运。

人与人之间的邂逅亦相同。让人产生想要交往一生念头的对象，是不可能轻易发现的。只要能结识一位这样的人物，就应该认为是当日的大收获。如果一味想着在那场宴会上不知可以获取几张名片，是再愚蠢不过的事了。

“只要能遇上一位有趣的人物就好了”，你只需抱着这种想法伸展触角即可。

当然了，你也有可能一位这样的人物也没碰上，这种情形在现实中占多数。遇上这种情形时，你没有必要勉强增加认识的人。倘若自认是无聊的聚会，尽快撤离现场也是很重要的。只要能够结识一位关键性的人物，人际关系即可获得飞跃性的扩展。因为如果对方拥有 100 人的人际关系，你通过此人即有可能获得那 100 人的人际关系。倘若你想凭借个人力量去接近同样的 100 人，肯定得花费庞大的时间和精力。

然而对此有误解，一心企图结识宴会或研习会所有出席者的人亦不在少数。在这种情形下，不仅对方不容易记住你，你也不可能牢记对方。因此你必须持有的观念是，出席这类聚会10次，只要有一次能遇上一位关键人物就具有充分意义。在宴会或研习会上，关键人物不会逗留到最后。至于在正式宴会后举行的后续聚会上流连的人，也绝不会是关键人物。

34 看清楚谁是你的贵人

中国社会就是一个关系的社会，纵横交错的关系网渗透在生活、生意的各个角落。有了一张好的关系网后，聪明的生意人就可以活用这张网上的各种关系了。比如，有的关系可以帮助你办理各种有关手续，有的关系能帮你出谋划策，还有的关系可以给你提供某种有用的信息。但是在各种关系中，有一种关系最为重要，就是对你的成功最有影响、能够决定你命运的那层关系，即你生命中的贵人。

在攀向事业高峰的过程中，贵人相助往往是不可缺少的一环。许多人即使拼了大半辈子也没见到赢，关键并不在于他们的努力不够，而在于他们缺少贵人的帮助。相反，即使当今世界上的顶级商人，如王永庆、李嘉诚等人，也是受了很多人的帮助和提携才取得今天的成就的。因此要想做大生意、发大财，你就必须经营自己的靠山，寻找属于自己的生命中的贵人。得到贵人的相助，事半功倍；缺少了贵人的相助，事倍功半。

做生意要有贵人相助，要经营自己的靠山。胡雪岩对此是非常清楚的。正是他层层结交权势，才为自己开发出了巨大的财源。中国的官僚制度经过长期的发展，在内部已经形成了一整套完备的升迁制度和习惯，尤其是托庇大官僚而使自己顺利升迁，已经是众所周知的事情。胡雪岩长期做跑街，与一般削尖了脑袋捐班升官的人打交道，慢慢地也就熟悉了这一套习惯。他明白，有一个坚强的后盾，就意味着更多的生意机会和经营风险。正巧他遇上了落魄的王有龄，便使用了冷庙烧香的办法结识了这一层关系，并最终把王有龄打造成了自己生意中的第一座靠山。

而对于王有龄来说，遇上胡雪岩也是久旱逢甘霖，对胡雪岩的“慧眼识英杰”自然念念不忘。于是在他发达之后，极力帮助荫庇胡雪岩，而胡雪岩也不用再做钱庄的“小伙计”，而是开始自立门户，开辟自己的事业。他在官与商之间如鱼得水，游刃有余，自此走上了经商的坦途，事业日渐发达。

由于有了王有龄这个名声很好、升迁很快的后台，胡雪岩发现自己面前忽然铺开了一条光明大道。粮食的购办及转运，地方团练经费与军火费用，地方厘捐、丝业，多方面的钱都向胡雪岩所办的钱庄涌了进来。随着王有龄的进一步升迁，胡雪岩的事业也如日中天，从钱庄到丝绸业、当铺，虽然他是安徽人，却在浙江扎下了根，这是因为，他的背后站着一位巡抚大老爷。所以说，胡雪岩能够开创这样一片大事业，王有龄功不可没，而胡雪岩为结交王有龄所做的努力，也绝对是值得的投资。

有一份调查表明，凡是做到中、高级以上的主管，有90%受到过别人的栽培；至于做到总经理的人，则有80%遇到过贵人；而那些自己创业做老板的人，竟然有100%的人全部被别人提拔过。这从另一方面说明了贵人对自己事业的重要。因此，你可以没有资金，也可以没有技术，但是你绝不能没有自己的贵人。

在古文化中，人和的内涵就是“贵人相助”。有了贵人的相助，任何的成功都会变得简单得多。所以，找到自己的贵人，并博得他们的信任和赏识，是获得成功的重要步骤。

35 多和一流的人在一起

贵人，一般来说都是能力、经验、实力等方面远在你之上的人，否则他们也未必能对你的事业提供帮助。因此，要想找到自己事业中的贵人，就要多和那些比你强的人在一起，最好是能和那些最一流的人在一起。这样你才有结识他们并获得他们帮助的机会。

此外，和一流的人在一起并不仅仅是为了获得他们的帮助，还可以为你创造良好的人际环境，而这些同样是事业成功的必要条件。不要小看这种人际环境，在很大程度上它决定着你将来的命运。因为和那些一流的人在一起，你就会不知不觉地以他们为榜样，就会很快提高自己各方面的能力和水平，从而使自己走向成功。

《心灵鸡汤》的作者马克·汉森有一次跟成功学大师安东尼·罗宾同台演讲之后，汉森好奇地问安东尼·罗宾成功的秘诀，安东尼·罗宾只问了他一句话："马克·汉森先生，你每天都跟谁混在一起呢？"马克·汉森很骄傲地回答："我每天都跟百万富翁在一起。"安东尼·罗宾笑了一下，说："这就是你的问题，我每天都跟亿万富翁在一起。"

孔子说："勿友不如己者。"意思是说不要和那些水平比自己差的人交朋友，这样只会使自己的水平也降下来，变得自满、疏懒。相反，只有经常和那些一流人物在一起，你才能让自己变得更强。所谓大树底下好乘凉，在社会关系中多结交一些比自己有实力、有地位、有能力、有权势的人，可以使自己学到很多有用的东西，同时也会对你日后的生意发展起到不可估量的作用。因此，你要想生意有成，就应该有意识地多和一流的人在一起。

由学徒而发展成洲际大饭店总裁的罗拔·胡雅特，在当年初入这行时，不仅对这一行懵懂无知，而且还是带着几分勉强的心情。因为那完全是他母亲一手安排的，胡雅特自己一点也不感兴趣。但他明白，如果打了退堂鼓，自己最终将会一事无成。

刚开始时，胡雅特是在巴黎的柯丽珑大饭店做侍应生。他知道观光大饭店接待的是各国人士，自己必须具有多种语言的能力，才能应付自如。于是，他在工作之余，先后学习了英语和德语，并在英国和德国都实习了一段时间。很快，他就成为柯丽珑大饭店的副经理。胡雅特还想去美国看看，经理决定特准予他公假，以公司名义派他去美国考察，一切费用公司承担。

当然，胡雅特去美国的目的，并不只是实习考察而已，更重要的是想进一步结交一些行业领袖人物，为自己的事业进一步积累人际关系。因此，他一到美国就去拜见华尔道夫大饭店的总裁柏墨尔，并把经理的亲笔信交给他，请他给自己一个见习机会，并要求从基层做起。他真的从擦地板开始做起了，而且这一行为确实给他带来了好运。

有一天，柏墨尔到餐厅部来视察，看到胡雅特正在趴着擦地板。他跟这位来自法国的青年见过一面，印象颇为深刻。见他在擦地板，不禁大为惊讶。

“你不是法国来的胡雅特吗？”柏墨尔走过去问。

“是的。”胡雅特站起来说。

“你在柯丽珑不是当副经理吗？怎么还到我们这里擦地板？”

“我想亲自体验一下，美国观光饭店的地板有什么不同。”

“你以前也擦过地板吗？”

“是的，我擦过英国的、德国的、法国的地板，所以我想尝试一下擦美国地板是什么滋味。”

“是不是有什么不同？”

“这很难解释，”胡雅特沉思着说，“我想，如果不是亲身体会，很难说得明白。”

柏墨尔的眼睛里，突然闪起一道亮光，用力注视了胡雅特半天，才说：“你等于替我们上了一课。胡雅特，下班后，请到我办公室来一趟。”

这次的结交，使胡雅特进入了美国的观光事业。自此以后，胡雅特的事业蒸蒸日上，一直干到洲际大饭店的总裁，手下有64家观光大饭店，营业范围伸展到世界上45个国家。

有人说：“看一个人的人际关系，就知道他是怎样的人，以及将来有何作为。”这话很有道理。总是乐于和那些比自己差的人交际，虽然能让你产生优越感，却不会对你的事业产生什么帮助，也不会使你学到多少东西。只有多结交一些一流人物，才能促使你更加成熟，同时也给你找到自己的贵人增加了机会。

第四章 成大事者做事雷厉风行

要实现梦想必须要行动，而行动必须迅速且有恒心。成大事者与常人的区别就在于他们一旦决定了做某事就会全力以赴，坚持到底。

36 不向命运低头

当我们为渴望已久的东西付出很多的时间和心血，却发现自己依然与它失之交臂的时候，我们便常会想到命运。

命运，一种神秘莫测、若有若无的力量，总是在同我们的执着做着无休止的人生游戏。

它就像一个无情的指挥棒，全然不顾我们的喜好，把我们推入一个个陌生的地方、危险的领域，让我们的生命起起落落。它又是张大网，我们被束缚其中，苦苦挣扎，刚刚感到有些光明，有些希望，却又立刻被它毫不费力地拉了回来。

在命运的面前，我们能说什么？无奈、叹息、愤懑，抑或是坦然、平静？

当你历经艰难险阻，却发现自己不仅没有到达目的地，反而迷失在路途上时；当你夜以继日地苦读，却总是与理想的学校无缘时；当你辛辛苦苦，兢兢业业的奋斗换来的却是一无所有时；当你被突然而来的灾难砸得麻木，几乎没有知觉时，你是否感到了命运朝你做出的狰狞鬼脸？

而当你获得了意外的财富，比如无心而赢得一笔大奖，比如得到丰厚的馈赠，比如突然间，由一只“丑小鸭”变为翱翔在天空的“天鹅”时，你是否觉得命运实在是一个奇妙的精灵，向你现出美丽的微笑？

没有一个人能在完全的好运中度过一生，每个人都会遇到坏的命运，都需要面对灾难，只是我们对它的态度不同罢了。

记忆中有很多不敢向命运说“不”的人。伟大的诗人陆游，对于自己深爱着的唐琬，对于他们的幸福婚姻，没敢坚持抗争到底，只因自己母亲不喜欢唐琬，陆游就将自己爱人的幸福，将自己的幸福交给了无情的东风。陆游在向命运低头的同时，也离他的快乐更远了。

尽管他后来明白了这一点，但一切都已晚矣，偌大的沈园，只剩下诗人的叹息：“错！错！错！莫！莫！莫！”

我们选择“认命”的时候，其实是想逃避现实，因为我们觉得，将要面对的是沉重的压力，可是我们忽视了，在“认命”的同时，我们就已给自己背上更沉的包袱，而且这种包袱，随着岁月的流逝，会更使你感到窒息。躲避了一时，又怎能躲过一世？

记忆中也有很多敢于向命运说“不”的人。为我们熟知并景仰的音乐家贝多芬，就经历了非常不幸的命运，正当他的音乐创作进入成熟期时，他的听力急剧衰退，五十岁左右，他就再也无法听见自己的音乐了。一个聋子和音乐，几乎是无法想象的组合。很多人都为贝多芬感到惋惜，但他并没有向命运低头，而是凭着自己对音乐的挚爱，用心去聆听、去感受音乐，终于创作出了震撼人心的《命运交响曲》《英雄交响曲》等。这些音乐，是用生命谱就的，它象征着贝多芬在命运面前顽强拼搏的精神，也象征着人类在命运面前顽强拼搏的精神。是对于命运的不屈从，是对于音乐的挚爱，让贝多芬征服了命运，创造出奇迹。

我们选择“抗拒”的时候，就选择了艰难，这种艰难虽然强大，但你一旦选择了它，它就已经开始脆弱了。因为，只有不敢去碰的刺蜇人才是最疼的，就像只有不敢走进的黑夜才是最黑一样，这有心理的作用，但也是事实。

37 懒惰是成功的大敌

戴尔·卡耐基说："懒惰、好逸恶劳是万恶之源，懒惰会吞噬一个人的心灵，就像灰尘可以使铁生锈一样，懒惰可以轻而易举地毁掉一个人，乃至一个民族。"

波斯人之所以被亚历山大所征服，也正如亚历山大所说的，波斯人懒惰成性，贪图享受，鄙视辛苦的劳动，这也正是一个民族奴颜婢膝的原因了。

那些懒惰的人，不愿从事劳动，不能吃苦耐劳，却常常编织出种种美丽的借口为自己开脱。

"一切借口，其实都是因为懒惰。"不记得是谁说的话，但是仔细一想颇有道理。当你拒绝做任何事情的时候，好好思考一下，是不是懒惰在支配着你？

在欧洲西海岸的某港口停泊着一条渔船，一个衣衫褴褛的人正躺在船里打盹儿。一位穿着入时的旅游者试着问他为什么这么好的天气而没有出海捕鱼，由此他列举了丰富的理由："我昨天已经捕过鱼了"，"今天我觉得身体困乏"，"我甚至连明天和后天的鱼都打够了"。旅游者告诉他，如果他每天多出几次海，将来可以买渔船，建熏鱼厂，开活鱼饭店，最后才可以逍遥自在地坐在这里的港口，在太阳下打盹儿——可以眺览美丽的大海。

"我现在就这样做了，"渔夫说，"我正在悠然自得地坐在港口打盹儿，只是您的'咔嚓'声把我打搅了。"多少年过去了，那个衣衫褴褛的渔夫，现在仍是衣衫褴褛的那个渔夫。毫无疑问，懒惰者是不能成大事的，因为懒惰的人总是贪图安逸，到头来却是一事无成。

戴尔·卡耐基对年轻人说，你们的懒惰行为，总用种种漂亮的借口来为自己辩解，我看你最根本的一条就是不肯努力，不肯下功夫。你的理论就是每一个人都会把他能干的事情干好的，但是任何一件事情你没有去干并不表明你不能够干，而在于你不愿意干。如果每个人都这么想的话，将造成多大的负面影响啊！

确实，一心想拥有某种东西，却害怕或不敢或不愿意付出相应的劳动，这是懦夫的表现，无论多么美好的东西，人们只有付出相应的劳动和汗水，才能懂得这美好的东西是多么的来之不易，因而愈加珍惜它，人们才能从这种拥有中享受到快乐和幸福，这是一条万古不变的原则。即使是一份悠闲，如果不是通过自己的努力而得来的，这份悠闲也并不甜美。不是用自己劳动和汗水换来的东西，你没有为它付出代价，你就不配享用它！

一位智者认为劳动是治疗人们身心病症的最好药物。马歇尔·霍尔博士认为："没有什么比无所事事、空虚无聊更为有害的了。"懒惰会使人们精神沮丧、万念俱灰，只有劳动才能创造生活，给人们带来幸福和欢乐。任何人只要劳动，就必然要耗费体力和精神，劳动也可能会使人们精疲力竭，但它绝对不会像懒惰一样使人精神空虚、精神沮丧、万念俱灰。著名哲学家罗素指出："真正的幸福绝不会光顾那些精神麻木、四体不勤的人们，幸福只在辛勤的劳动和晶莹的汗水中。"

懒惰、懈怠从来没有在世界历史上留下好名声，也永远不会留下好名声。懒惰是一种精神腐蚀剂，因为懒惰，人们不愿意爬过一个小山岗；因为懒惰，人们不愿意去战胜那些完全可以战胜的困难。对于任何人而言，懒惰都是一种堕落的、具有毁灭性的东西。那些懒惰的人日益走向腐化、堕落，他们终日游手好闲，无所事事，无论干什么都舍不得花力气、下功夫，他们总想不劳而获，总想占有别人的劳动成果，他们一天到晚都在盘算着去掠夺本属于他人的东西。懒惰这个恶魔总是在黑夜中出现，它直视那些头脑中长满了懒惰的懦夫，并时时折磨那些懒惰、无所事事的人。

因此，那些生性懒惰的人不可能在社会生活中成为一个成功者，他们永远是失败者。成功只会光顾那些辛勤劳动的人们。懒惰是一种恶劣而卑鄙的精神重负。人们一旦背上了懒惰这个包袱，就只会整天怨天尤人、精神沮丧、无所事事，这种人完全是对社会无用之人。

懒惰、无所事事从来就不是一种夸耀的资本，更不应成为任何人逃避责任的借口。

尽管在这个社会上有许多卑鄙的小人极满足于白吃白喝，并以大肆挥霍、浪费为荣，但那些稍有头脑、有抱负、有良知的人们毫无疑问都会鄙夷他们。这些堕落的人，他们早已如同行尸走肉，已经不具有良知和人性了，是社会的残渣。

"懒惰走得如此之慢，以至于贫穷不久就赶了上来。"一个人无论过去多么富有、尊贵，多么有名声，但是只要有懒惰与他为伍，他将最终走向贫穷和没落，他就不可能得到真正的幸福。

38 对手帮你完善自己

一个人往往在对手的督促下，才能谨小慎微，少犯许多错误。相反，如果没有对手的督促，一意孤行，往往会落于失败的陷阱之中。其实早在几百年前，达文西也说过一个类似的寓言故事：

在很久很久以前，有一只小老鼠住在一个树洞之中。只不过，在外面不远的地方，居住着一只想捕食它的鼬鼠。所以，每一次小老鼠想要出去找食物时都会非常小心，也全靠如此，才多次逃得性命。

有一天早晨，它正准备出去时，才发现那只可怕的鼬鼠正在不远处行走。哇，今天真险！我要让它先过去，免得自己变成它的午餐。但突然之间，一只灰猫跳了出来，一下子就咬住了鼬鼠，开始吞食起来。惊魂初定的小老鼠，不禁得意起来。哇，今天我真走运，现在危险已经过去，从此之后，我可以大摇大摆地出去觅食。开心的小老鼠还没有在森林中自由玩耍多大一会儿，就在贪婪的灰猫口中丧失了性命。就像这个小老鼠，在面临着鼬鼠的威胁时，才会变得异常机警，从而逃过一场又一场的劫难。相反，在缺乏对手之后，忘乎所以，放松了警惕，自然就会跌落失败的深渊了。

对手究竟是什么？也许在许多情况下，对手就是让自己变得更加成熟，更加完美的人。也许你要感谢一个个给你带来麻烦，甚至是痛苦的对手，因为只有这样，你才能在成功的道路上，走得更远更长。

也许要感谢你的对手。在这个复杂的社会中，总是存在着各种竞争，甚至是你死我活的厮杀。于是，无论是在职场，还是商场，几乎每一个人的面前，都或多或少存在着对手。那也许是自己的同事，也许是同行，甚至是你完全不知道的人，都会透过一个个途径，让你的生活充满了紧张感。但对手是否都是负面与不必要的呢？答案也许出乎你的意料之外。有这样一个故事：

在某一家公司里，有一位掌管销售的副总经理，我们可以称之为张先生，总是与掌管财会的刘女士存在许多矛盾。在这间经理办公室里，时常可以听到张副总的抱怨声："这也不能报销，那也不能支出，她哪知道我们在外面开发业务的艰难啊！"确实，目前的经济不景气，业务员们通常要花费更多的气力，才能获得一定的成绩，各种说不清楚的支出，自然会较多了。但这位较为死板的刘会计也不知道变通，整天只会按章办事，难怪让这位张副总愤愤不平，产生不少争执。公司的员工们也都知道，张副总与刘会计是一对难以共事的冤家对头。不久之后，善于运用智谋的张副总，就使了一个坏招，让老实的刘会计背上了一个黑锅，成为代罪羔羊，被迫辞职。而不久之后，年迈的总经理也已退休，让他顺利升职，成为新的总经理。坐在宽敞的总经理办公室，张先生得意洋洋，现在公司里面的一切，都顺心如意，再也没有人敢和自己作对了，花起钱来，也自然大胆了。

但不久之后，公司的业绩却不见起色，面对董事会的压力，焦急不安的张总经理想了许多方法，都不见成效，到最后，终于想出了一个新的点子：更改公司的账目，让亏损的数字统统都变成盈利，不就可以让董事会满意了吗。想到这里，他找来了公司的新会计，幸好他非常合作，立即就更改了账目。顿时间，在董事会，这位新总经理获得了一阵叫好声，诸位董事对他的成绩非常满意，还准备送给他高额的红股。但纸始终包不住火，不久之后，东窗事发，他不仅被董事会免职，还受到检察部门的追究，弄得身败名裂。有一天，当他面对记者的追问时，深有所感地说道："要是我不将那个刘会计赶走就好了，她肯定不会让我这么做，我也不会弄得如此的下场。"只不过，一切都晚了。相信类似的故事，许多人都听到过。

记住：将对手看成是朋友，将每一次指责与批评都看成是改正的良机。这也许才是最佳的做事之道。

39 立即动手别想太多

比尔·盖茨说："想做的事情，马上动手！不要拖延。"这是比尔·盖茨的成功经验，他的这种经验，同样适合于任何人。

如何做到"想做的事，立即去做"？这就需要你养成从小事做起的习惯，当这种习惯深扎于你的内心之后，你就会达到"水到渠成"的境界。

比尔·盖茨曾向他的员工谈起他的成功之道，他说："我发现，如果我要完成一件事情，我得立刻动手去做，空谈无济于事！"比尔·盖茨的这句话放之四海而皆准。

很显然，要能马上行动，就要克服一种许多人常有的拖延习惯。

拖延是一种习惯，行动也是一种习惯，不好的习惯要用好的习惯来代替。

仔细思考一下，拖延的事情迟早要做，为什么要推后再做？立即做完以后可以休息，而现在休息，也许往后要付出更大的代价。

想一想，在日常生活当中，有哪些事情是你最喜欢拖延的？现在就下定决心，将它改善。

从最简单的事情开始，当你可以激发自己的行动力的时候，你会非常有冲劲，会非常想去完成一件事情。

拖延是行动的死敌，也是成功的死敌。拖延使我们所有的美好理想变成真正的幻想，拖延令我们丢失今天而永远生活在"明天"的等待之中，拖延的恶性循环使我们养成懒惰的习性、犹豫矛盾的心态，这样就成为一个永远只知抱怨叹息的落伍者、失败者、潦倒者。成功学创始人拿破仑·希尔说："生活如同一盘棋，你的对手是时间，假如你行动前犹豫不决，或拖延地行动，你将因时间过长而痛失这盘棋，你的对手是不容许你犹豫不决的！"拖延是这样的可恶，然而却又这样的普遍，原因在哪里？

成功素质不足、自信不足、心态消极、目标不明确、计划不具体、策略方法不够多、知识不足、过于追求十全十美，这些都是原因。

停止拖延，比尔·盖茨先生提示，立即去提高自己的成功素质，缺什么，补什么。

以下是比尔·盖茨对克服拖延，立即行动的对策探讨。

1. 做个主动的人。要勇于实践，做个真正在做事的人；不要做个不做事的人。

2. 不要等到万事俱备以后才去做，永远没有绝对完美的事。将来一定有困难，一旦发生，就立刻解决。

3. 创意本身不能带来成功，只有付诸实施时创意才有价值。

4. 用行动来克服恐惧，同时增强你的自信。怕什么就去做什么，你的恐惧自然会立刻消失。

5. 自己推动你的精神，不要坐等精神来推动你去做事。主动一点，自然会精神百倍。

6. 时时想到“待会”“明天”“下礼拜”“将来”之类的句子跟“永远不可能做到”意义相同，要变成“我现在就去做”的那种人。

7. 立刻开始工作。不要把时间浪费在无谓的准备工作上，要立刻开始行动才好。

8. 态度要主动积极，做一个改革者。要自告奋勇去改善现状；要自动担任义务工作，向大家证明你有成功的能力与雄心。

40 停滞即意味着消耗

冠军永远都是那些百折不挠被打倒了还会再爬起来的人。一次、两次不成，就再试几次，能不能成功，全看你能否坚持到底。多数人没有达到目标，原因就在于不能坚持。百折不挠的毅力，才是成功人生的必备条件。

人一生不可能常处顺境，有时候你会被三击出局，只要你继续参加比赛，总会击出让你满意的成绩。

坚持不懈不是要你永远守着一件事不放，而是要全力以赴做好眼前的事——先求耕耘，再问收获；渴求知识和进步，不辞辛劳争取新客户；提早起床，随时寻求提高效率的方法。天才未必就能富有，最聪明的人也不一定幸福，财富不是天上掉下来的，只有辛勤工作、认真筹划和坚持不懈，才能奏效。

精神病的候诊室里坐满了承受不起一时挫败的人，如果继续尝试、坚定不移，他们还有希望告别痛苦。然而他们却完全放弃了尝试，即使是最轻微的挫折他们也怯于承受，总是担心那会动摇了他们的严格标准。

悲观无能的人通常会自以为是自作聪明。他们经常会满怀歉意地说："噢，这事我办不到""这对我太难了""我不可能成为这样的人"。他们真正的意思是，那不是我的责任，再说我也不具备那个能力，因此犯不着那么辛苦地竭力奋斗。

相反地，健全而快乐的人洞悉世情、自知甚深。他们了解人非圣贤，孰能无过。他们知道偶然的挫败乃是人之常情。为这样的事过分自责，未免浪费精力，不如把宝贵的精力投注在追求尝试下一次的进攻上。

世界上已经寻获的钻石当中，最大最纯的一颗名为"自由者"的钻石，就是一位名叫索拉诺的委内瑞拉人在挑选了 999999 颗普通石头的最后一次弯腰拾起的"鹅卵石"。

我们多数人常犯的毛病，就是不肯再试几次。

以下是一个人的经历：

1832 年，他失业了。同年，他竞选州议员落败。

1833 年，经商失败。

1834 年，当选州议员。

1835 年，丧偶。

1836 年，患精神衰弱症。

1838 年，竞选州议会议长落败。

1843 年，争取党提名竞选联邦众议员未成。

1846 年，当选众议员。

1848 年，党再度拒绝提名他为众议员候选人。

1849 年，争取国有土地管理局局长一职被拒。

1854 年，竞争参议员落败。

1856 年，争取党提名为美国副总统候选人未成。

1858 年，竞争参议员再度落选。

1860 年，当选为美国总统。

这个人就是美国人都敬仰的总统——亚伯拉罕·林肯。

千万不要以为失败是永久的，你要把失败当成迟来的成功。像林肯这样坚持不懈、奋战到底的人，胜利终会来临的。

41 坚毅的人总会出头

也许生活是有缺陷，但生活的意义却是给人们同样的机会，有信心和勇气去争取，就会战胜自身的缺陷，在生命的困顿中出人头地，找到生活的意义。

篮球教练努德·洛肯说：“当处境困顿多难时，坚毅者愈挫愈勇。”在坎坷的路途上，坚强勇敢的人捉得住机会，他们战胜了，他们存活下来了，他们就出人头地！

许多人面对自己的缺陷，安于现状，不再前行，而坚毅的人会在自身的缺陷中找到希望；人人都因感到绝望而放弃的信仰，只有富有忍耐力的人才会坚持着，继续为自己的意见辩护。所以，具有这种卓越品质的人，最可能获得很大的收益、很好的声誉。

一个慈祥、和蔼、诚恳和乐观的人，再加上富有的卓越品质，实在是非常幸运的。那么世界终将为他打开出路。而那些意志不坚定，缺乏忍耐力的人，往往就要为别人所轻视，甚至要受到践踏和弃绝，最终难免于失败。

缺乏坚毅与自信的人，在自身有缺陷时，使自己陷于悲观与沉沦，往往干不成大事，也得不到别人的信赖与敬佩。唯有那些有坚定的决心、有十足忍耐力的人，才能创造一切，为他人所敬佩。

对于意志不坚定的人来讲，这个世上他们几乎找不到自己的地位，而那些意志坚定的人能够战胜任何困难，世界反会替他们开辟道路。以一颗富有忍耐力的心，坚持自己的意志，并发挥自己的天才，便会获得成功。

生活中的缺陷，不是我们生活与事业中的决定因素。没有缺陷、天赋极好的人，如果从出生时就不接触任何外部事物，那么，他到最终也会和傻子一样。可见后天奋斗的重要性。只要我们努力去争取，就能找到生活的意义。

玛丽·马汀是美国人人尽知的人物，她的照片在《生活》（Life）杂志的封面上已经出现过六次了，美国人喜爱她的程度就像喜欢飞越百老汇舞台的彼得·潘，就像《南太平洋》（South Pacific）剧中的角色奈莉·芙柏希，就像原始百老汇作品《音乐之声》里的玛莉亚·翁·翠普。她总是积极、乐观、恬然、快乐。

但是她也有自己的不幸与遭遇。她在失去深爱的丈夫之后，又失去了嗓音而无法歌唱。这对她而言，无疑就像是剥夺了她的生命。然而更可怕的事情还在后面。

不久前，她所乘的出租车发生了一场可怕的车祸。她遭受到了那辆由醉汉驾驶，又超速闯红灯的汽车最直接的撞击，那股冲击力真是可怕，她当时就受重伤而晕死过去了。她的胃有两处破裂，险些让她丧了命。之后，她花了几个月和死神搏斗，终于有了一点起色。此外，她还有一些关节炎和白内障的毛病。

但是，她是一个坚毅的人，她永不向缺陷屈服，她练习着用双拐行走。如今，在前几周欢度她69岁的生日之际，她不只是康复了，走路也丝毫没有一点蹒跚。

她开怀地笑着，眼睛闪烁着活力与朝气，几乎让人不敢相信她身体上的病痛。她全身散发着喜悦的光芒，并且也恢复了歌唱，六十九岁的她看起来年轻而有吸引力，一定就像她刚出道时的模样，是一颗蓬勃耀眼的明日之星。我几乎无法相信她几个星期前才刚出院，从一场一死两伤的车祸中复原过来。

玛丽·马汀说这是她经历过的最艰苦的日子。她接着说，她的眼神依旧闪亮，"但如你所说的，艰苦岁月总难长久，坚毅的人总会出头！你知道我是一个坚毅的人！"

有成就的人，他们的成功大部分是因为某种缺陷激发了他们的潜能。他们最大的弱点，也许会给他们提供一种出乎意料的助力，促使他们加倍地努力而得到更多的报酬。正如威廉·詹姆斯所说的："我们的缺陷对我们有意外的帮助。"

弥尔顿因为双眼失明，才写出更好的诗篇；贝多芬是因为聋了，才谱出宏伟的乐章；海伦·凯勒的创作事业完全是受到了耳聋目盲的激发；如果柴可夫斯基的婚姻不是这么悲惨，逼得他几乎要自杀，他可能难以创作出不朽的《悲怆交响曲》；如果陀思妥耶夫斯基和托尔斯泰的生活不是那么充满折磨，也可能永远写不出不朽的文学巨著。

达尔文，这位改变人类科学观点的科学家说，如果他不是这么无能，他就不可能完成所有这些辛勤努力完成的工作。很显然，他坦率地承认自己受到过弱点的刺激。

坚毅的人总会成功。有一次，世界著名的小提琴家欧尔·布尔在巴黎音乐会上，忽然小提琴有根弦断了，他仍旧面不改色地用剩余的三条弦奏完全曲。佛斯迪科说，这就是人生，断了一弦，你还能用剩下的三条弦继续演奏。

这不仅是生活，这是超越生活，是生命的凯歌，是生命上的飞跃！

42 将种种借口都消除掉

有一个推销员，他以能够卖出任何东西而出名。他已经卖给过牙医一支牙刷，卖给过面包师一个面包，卖给过瞎子一台电视机，但他的朋友对他说："只有卖给驼鹿一个防毒面具，你才算是一个优秀的推销员。"

于是，这位推销员不远千里来到北方，那里是一片只有驼鹿居住的森林。"您好！"他对遇到的第一只驼鹿说，"您一定需要一个防毒面具。"

"这里的空气这样清新，我要它干什么！"驼鹿说。

"现在每个人都有一个防毒面具。"

"真遗憾，可我并不需要。"

"您稍候，"推销员说，"您已经需要一个了。"说着他开始在驼鹿居住的林地中央建造一座工厂。

"你真是发疯了！"他的朋友说。

"不，我只是想卖给驼鹿一个防毒面具。"推销员说。

当工厂建成后，许多有毒的废气从大烟囱中滚滚而出，不久，驼鹿就来到推销员处对他说："现在我需要一个防毒面具了。"

"这正是我想的。"推销员说着便卖给了驼鹿一个。"真是个好东西啊！"推销员兴奋地说。驼鹿说："别的驼鹿现在也需要防毒面具，你还有吗？"

"你真走运，我还有成千上万个。""可是你的工厂里生产什么呢？"驼鹿好奇地问。

"防毒面具。"推销员兴奋而又简洁地回答。

这虽然是个笑话，但是却给我们上了生动的一课。在生活中、工作中有很多的事情不是不可能，关键在于我们有没有努力地开动我们的脑子去想，并且是不是最终将脑海中的想法付诸了实践。是的，当面对困难的时候，当面对挫折的时候，不要给自己任何借口，告诉自己一定能够战胜这些困难的，告诉自己别人能够做到的自己只要掌握了关键的技巧，也一定能行的。在艰难困苦中，只要你拥有这样一种不找任何借口的心态，那么至少你在成功的道路上又迈开了至为关键的一步。

借口是一种不好的习惯，一旦养成了找借口的习惯，你的工作就会拖沓、没有效率。抛弃找借口的习惯，你就不会为工作中出现的问题而沮丧，甚至你可以在工作中学会大量的解决问题的技巧，这样借口就会离你越来越远，而成功离你越来越近。

人的习惯是在不知不觉中养成的，是某种行为、思想、态度在脑海深处逐步成型的一个漫长的过程。因其形成不易，所以一旦某种习惯形成了，就具有很强的惯性，很难根除。它总是在潜意识里告诉你，这个事这样做，那个事那样做。在习惯的作用下，哪怕是做出了不好的事，你也会觉得是理所当然的。特别是在面对突发事件时，习惯的惯性作用就表现得更为明显。

比如说寻找借口。如果在工作中以某种借口为自己的过错和应负的责任开脱，第一次可能你会沉浸在借口为自己带来的暂时的舒适和安全之中而不自知。但是，这种借口所带来的“好处”会让你第二次、第三次为自己去寻找借口，因为在你的思想里，你已经接受了这种寻找借口的行为。不幸的是，你很可能就会形成一种寻找借口的习惯。这是一种十分可怕的消极的心理习惯，它会让你的工作变得拖沓而没有效率，会让你变得消极而最终一事无成。

如果你留心观察一下那些拖延时间的人，就不难从他们的口中之言找到一些共同的词语——“或许”“希望”“但愿”——这 3 个小词构成了拖延时间者的心理支撑系统，并成为他们不愿去做某事的理由。而“但愿”“希望”无异于童话故事中的梦想，完全是浪费时间。无论你怎样“希望”或“但愿”，对你现在的生活都无济于事，你只不过是在为自己寻找一种不愿从事生活中某一重要活动的借口而已。例如，我们可以听到他们说：

“我希望问题会得到解决。”

“但愿情况会稍好一些。”

“或许问题不太大。”

而事实上，问题并没有得到解决，情况也没有好转。对于我们每个人来讲，只要你具有一定的决心和毅力，你就可以实现自己的各种意愿。然而，如果你总是将事情推迟到未来这一时间，那你就是在逃避现实，怀疑自己，甚至是在欺骗自己。

拖延时间的心理会使你在现实中更加懦弱，并不断依靠幻想，总希望情况会如己所愿——有所好转，但事实并非如此。

43 做决定不能优柔寡断

麦克·瓦拉史是位著名电视节目主持人，他在CBS主持的《六十分钟》是人人乐道的节目。有这样一个故事：在刚进入电视台的时候他是一名新闻记者，因他口齿伶俐，反应快，所以除了白天采访新闻外，晚上又报道七点半的黄金档。

以他的努力和观众的良好反应，他的事业应该是可以一帆风顺的。不过很不幸的是，因为麦克的为人很直率，一不小心得罪了顶头上司新闻部主管。有次在一新闻部会议上，新闻部主管出其不意地宣布："麦克报道新闻的风格奇异，一般观众不易接受。为了本台的收视率着想，我宣布以后麦克不要在黄金档报道新闻，改在深夜十一点报道新闻。"

这个毫无前兆的决定让大家都很吃惊，麦克也很意外。他知道自己被贬了，心里觉得很难过，但突然他想到"这也许是上天的安排，主要是在帮助我成长"，他的心渐渐平静下来，表示欣然接受新差事，并说："谢谢主管的安排，这样我可以利用六点钟下班后的时间来进修。这是我早就有的希望，只是不敢向你提起罢了。"

此后，麦克天天下班之后就去进修，并在晚上十点左右赶回公司准备十一点的新闻。他把每一篇新闻稿都详细阅读，充分掌握它的来龙去脉。他的工作热忱绝没有因为深夜的新闻收视率较低而减退。

渐渐地，收看夜间新闻的观众愈来愈多，佳评也愈来愈多。随着这些不断的佳评，有些观众也责问："为什么麦克只播深夜新闻，而不播晚间黄金档的新闻？"询问的信件、电话不断，终于惊动了总经理。

总经理把厚厚的信件摊在新闻部主管的面前，对他说："你这新闻主管怎么搞的？麦克如此人才，你却只派他播十一点新闻，而不是播七点半的黄金时段？"

新闻部主管解释："麦克希望晚上六点下班后有进修的机会，所以不能排上晚间黄金档，只好排他在深夜的时间。"

“叫他尽快重回七点半的岗位。我下令他在黄金时段中播报新闻。”

就这样，麦克被新闻部主管“请”回黄金时段，不久之后，被选为全国最受欢迎的电视记者之一。

过了一段时间，电视界掀起了益智节目的热潮，麦克获得十几家广告公司的支持，决定也开一个节目，找新闻部主管商量。

积着满肚子怨恨的新闻部主管，板着脸对麦克说：“我不准你做！因为我计划要你做一个新闻评论性的节目。”

虽然麦克知道当时评论性的节目争论多，常常吃力不讨好，收入又低，但他仍欣然接受说：“好极了！”

自然，麦克吃尽苦头，但他没说什么，仍是全力以赴，为新节目奔忙。节目上了轨道也渐渐有了名声，参加者都是一些出名的重要人物。

总经理看好麦克的新节目，也想多与名人和要人接触。有天他召来新闻部主管，对他说：“以后节目的脚本由麦克直接拿来给我看！为了把握时间，由我来审核好了，有问题也好直接跟制作人商量！”

从此，麦克每周都直接与总经理讨论，许多新闻部的改革也有他的意见。他由冷门节目的制作人，渐渐变成了热门人物。他也获得许多全美著名节目的制作奖。

相信自己的实力，即使经历种种障碍，只要你坚持下去，终将获得应有的成就。

华裔电脑名人王安博士说，影响他一生的事发生在他5岁的时候。

一天他外出玩耍，经过一棵大树时，突然有一个鸟巢掉在他的头上，里面滚出了一只嗷嗷待哺的小麻雀。他决定把它带回去喂养，便连同鸟巢一起带回了家。

走到家门口，忽然想起了妈妈不允许他在家里养小动物。他轻轻地把小麻雀放在门口，急忙进屋去请求妈妈，在他的哀求下妈妈破例答应了儿子。王安兴奋地跑到门口，不料小麻雀已经不见了，一只黑猫在意犹未尽地擦拭着嘴巴。

王安为此伤心了很久。

从此，他记住了一个很大的教训：

只要是自己认定的事情，绝不可优柔寡断。犹豫不决固然可以免去一些做错事的机会，但也失去了成功的机遇。

44 罗马不是一天建成的

年轻人应当志存高远，但目标也必须是符合内心的渴望并切合实际的。如果你只是含含糊糊地给自己确定一个大概的目标，希望在行动的过程中再加以调整或更改，那么，即便你的目标再远大宏伟，也只能是如海市蜃楼般虚无缥缈。

有些人的目标用笼统的词句表达，比如说："当一名成功的医师。"有的则比较具体，如："要发明能有效治疗胃痛或头痛的药物。"广泛的事业目标也有用，因为它们有整体的观点，可以解放想象力，帮助我们探究所有可能的选择。但是，广泛的目标却不能使我们确定自己所要做的是什么。由于这个缘故，我们需要具体的事业目标。

人们要养成设立目标的习惯。如果暂时无法达成中心目标，不妨设定一个较小、较易达成的目标，并竭力工作直到达成。举例来说，找出更快、更有效率的方法来完成每天的例行工作。或者是趁自己精力旺盛的时候就先选做最难的工作，简单的事则稍后解决。许多小的成功终会引来更大的成就。

俗语说得好：罗马不是一天建成的。既然一天建不成辉煌的罗马，那就让我们专注于建造罗马的每一天。这样，把每一天连起来，终将会建成一个美丽辉煌的罗马。

美国有个84岁的老太太昆丝汀·基顿，1960年曾轰动了美国。这位高龄的老太太，竟然徒步走遍了整个美国。人们为她的成就感到自豪，也感到不可思议。

有位记者问她："你是怎么完成徒步走遍美国这个宏大目标的呢？"

老太太的回答是："我的目标只是前面那个小镇。"

基顿老太的话很有道理，其实，人生亦是如此，我们每个人都希望发现自己的人生目标，并为实现这个目标而生活和工作。如果你能把你的人生目标清楚地表达出来，这样就能帮助你随时集中精力，发挥出你人生进取的最高的效率。只是，一定要记住，你在表达你的人生目标时，一定要以你的梦想和个人的信念作为基础。因为这有助于你把自己的目标定得具体，且具有现实可行性。

目标必须是具体的可以实现的，这一点很重要。如果计划不具体——无法衡量是否实现了——那会降低你的积极性。为什么？因为向目标迈进是动力的源泉。如果无法知道自己朝目标前进了多少，你准会泄气，甩手不干了。

人生目标，决非一蹴而就。它是一个不断积累的过程。而一个个量化的具体目标，就是人生成功旅程上的里程碑、停靠站。每一个“站点”都是一次评估，一次安慰，一次鼓励，一次加油。

一句话，目标要量化，才能对成功有益。能否量化，是目标与空想的分水岭。

目标必须实在，而且不要太遥不可及，应该是在达得到的范围内，千万不要错认自己应该或能够在一天里建造一座罗马城。如果你今年无法达到你的最终目标，那就先定一个短期的目标吧！

有短期目标的人，比轻率行事的人更明智。

所以，假如你有一个广泛的事业目标，而你想要拟定一个计划，订出具体的目标，下面是你应该做的：在纸的顶端写下那个广泛的目标，然后自问：“我如何达到这个目标？”把它们记录下来。现在，这些目标已经足够具体了，能提供你所需要的帮助了吗？假如仍旧不能，再就每一点发问：“我如何达到这个目标？”最后你会发觉，眼前出现的是金字塔形的目标图，塔尖是广泛的目标，底部则是无数的具体目标，它们直接指向有范围的行动计划。

成功，是每一个奋斗者的热烈企盼和向往，是每一个奋斗者为之倾心的夙愿。在目标的推动下，人就能够被激励、鞭策，处于一种昂扬、激奋的状态下，去积极进取、创造，向着美好的未来挺进。

45 不要放弃任何机会

机会来临不要犹豫，马上行动，这是你走向成功的必经之路。

比尔·盖茨说：你不要认为那些取得辉煌成就的人，有什么过人之处，如果说他们与常人有什么不同之处，那就是当机会来到他们身边的时候，立即付诸行动，决不迟疑，这就是他们的成功秘诀。

人生中总是有好多的机会到来，但总是稍纵即逝。我们当时不把它抓住，以后就永远失掉了。

有计划而不去执行，使之烟消云散，这将对我们的品格力量产生不良的影响。有计划而努力执行，这就能增强我们的品格力量。有计划没有什么了不起，能执行定下的计划才算可贵。

许多成功的人之所以取得成功，就是因为他们敢想敢做。

比尔·盖茨正是这样的一个人。我们来看看最初的他是怎样来寻找赚钱的机会的：他在承接信息科学公司的项目成功后，信心大振，又与保罗·艾伦琢磨起了新的赚钱路子。不久，他们成立了一家自己的公司，名为交通数据公司。

他们为什么要办这样一家公司呢？当时，几乎所有市政部门都使用同一种装置来测量交通流量，这种装置是由一个金属盒子连接一条横跨路面的橡胶管组成的。金属盒中有一盘16轨纸质磁带，当有车从橡胶管上经过时，这台机器就会在磁带上打上0或1这两个二进制代码。这些数字反映出车辆经过的时间和流量。市政部门雇用私人公司将这些原始资料译成信息以供有关工程师们分析研究，例如，以此来决定何时该亮红灯或绿灯。

原先为市政公司提供服务的私人公司效率低而且要价高，这为盖茨和艾伦提供了竞争取胜的机会。他们用电脑来分析这些磁带，然后把结果卖给市政部门，他们比对手既快又便宜。盖茨雇用湖滨中学几个七八年级的学生，把磁带上的数据誊写到电脑卡上，然后盖茨把它输入到电脑里。接下来，他用自己设计的程序将这些数据转换成易读的交通流量表。

当交通数据公司开始正常运转后，艾伦决定制造自己的电脑以便直接分析磁带，这样就可免去手工劳动了。他们聘请了一位波音公司的工程师来协助设计硬件。盖茨拿出360美元，购买了一个英特尔公司的新型8008微处理器芯片。他们将一台16轨纸质磁带阅读器连接到这台电脑上，然后把交通流量记录磁带直接输进去。

与后来的微机相比，这台“土制”电脑是非常原始的，只是勉强能用而已，还不能保证它不出故障。有一次，盖茨洋洋得意地在餐厅向一位市政官员演示他的交通数据电脑时，机器突然卡了壳。盖茨鼓捣了半天，机器就是不听使唤。那位官员因此失去了兴趣。盖茨觉得很没面子，便向他母亲求援：“告诉他，妈妈！告诉他，它确实能工作！”

盖茨和艾伦利用交通数据公司赚了大约两万美元。但是市政公司并非天天需要进行交通流量分析，因此，这是一种越做越小的生意，公司不会有多大发展前途。当盖茨为交通数据公司招揽生意时，他又萌发了一些新的赚钱计划。不久，盖茨又与埃文斯合作成立了一个“逻辑仿真公司”。

逻辑仿真公司的业务范围包括设计课程表、进行交通流量分析、出版烹饪全书等。盖茨此时的生意经验毕竟还是很稚嫩的，只能说处于摸索阶段。他的公司业务范围如此广，看起来赚钱的机会更多，其实不然。这样没有明确的业务范围，自然也没有固定的客户，赚钱必然有限。

1972年5月，在他们结束三年级前夕，湖滨中学校方授权他们设计全校400多名学生的课程表程序。校方希望这套电脑软件可以从秋季72—73学年启用。湖滨中学原本是让那位受雇于本校教授数学，并帮艾伦设计过电脑的前波音公司工程师从事这项工作，但不幸的是，此人死于一场坠机事故。于是，这个任务就落到了盖茨和埃文斯肩上。

真是祸不单行，接受任务不到一周，肯特·埃文斯在一次登山事故中不幸遇难。悲痛的盖茨请求艾伦来帮助他完成这项工作。他们约定在当年夏天，艾伦放暑假回来后，共同来完成这项任务。

夏天刚开始，盖茨去了华盛顿特区，当了一名众议院服务员。这份工作是他父母通过国会议员布罗克·亚当斯找到的。盖茨很快就显露出他的经商才能。他以每枚5美分的价格买进5000枚麦戈文-伊格尔顿纪念章。当麦戈文把伊格尔顿挤出总统候选人名单时，盖茨就以每枚25美元的价格出售了这些日渐稀少的像章，从中盈利几千美元。

当国会夏季休会时，盖茨回到西雅图，与艾伦一起进行设计课程表的工作。

他们利用上次同信息科学公司的交易中得到的免费电脑机时来进行这项程序设计。同时湖滨中学也为设计课程表的电脑机时支付了费用。任务完成后，他们最后获得了2000美元的酬金。与信息科学公司的那笔交易相比，这只能算是为母校做贡献。当然，这也是盖茨和艾伦愿意做的。后来，他俩发财后，为湖滨中学捐了220万美元。他们还将捐款所建的演讲厅命名为“埃文斯”厅，以纪念那位过早夭折的战友。当然，这已是后话。

课程表软件设计取得成功后，盖茨又继续寻找其他机会赚钱。他给周围的学校发函，表示愿意为它们设计课程表程序，并愿意提供九五折优惠。

他在联络信中说：“我们应用了一种由‘湖滨’设计的独特的课程管理电脑系统。我很荣幸地向贵校推荐这一产品。服务上乘，价格优惠——每个学生收费22.50美元。望有机会进一步与贵方商洽此事。”

可惜，他的业务联系未取得效果。因为不是每个学校都需要这种服务。

后来，比尔·盖茨终于揽到一笔生意——为华盛顿大学实验学院设计一套学籍管理软件。他这笔生意是跟华盛顿大学学生管理协会洽谈的，正好他的姐姐克里斯蒂娜是该协会成员之一。当学校的报社了解到她的弟弟是该项设计的承接人后，便指责管理协会以权谋私。结果，盖茨只从这项设计中赚得很少的钱，大约只有500美元。真可谓“没吃到羊肉，反惹了一身臊”。

盖茨虽然聪明，以他当时的电脑水平，肯定不会有多了不起，但这种赚钱心切的态度，确实很了不起。他毕竟只是个十几岁的中学生，却到处找门路赚钱，发财的欲望如此强烈，焉能不发财？

很多事就是这样，当你有达到某一目的的强烈愿望，并以这种愿望作为行动的内驱力时，就极有可能达到目的。

这是因为，不管是聪明也好，愚蠢也好，都不可能要风得风，要雨得雨；也不可能处处倒霉，步步不顺。如果达成目的的愿望不够强烈，一遇到不顺利，就可能退缩不前，又怎能步入后面的顺境？而具有坚定信念的人，眼光盯着自己的目标，不以一时一事动摇自己的决心。这样，将逆境闯过去，在顺利时求发展，自然能一步一步走向成功。

同时上例也告诉我们敢想敢做敢于尝试，才能取得成功。与其不尝试而失败，不如尝试了再失败，不战而败是一种极端怯懦的行为。如果想成为一个成功者，就必须具备坚强的毅力，以及勇气和胆略。当然，敢冒风险并非铤而走险，敢冒风险的勇气和胆略是建立在对客观现实的科学分析基础之上的。

46 走自己的路，任人评说

生活中有一种人，很在乎别人对他的看法，完全以别人的评价为行事准则。别人说好，他就按人家的想法和意思去做；别人说不好，他就会后悔、恐慌、自责、情绪低落、偃旗息鼓。他时时为别人的看法担心、害怕、烦恼、痛苦，经常掩饰自己，迎合他人，不知道自己是谁。

有一则寓言，非常生动地描述了这种人的心态：一个老翁和一个孩童赶着一头驴，驮着货物去赶集。货卖完了，小孩骑驴回家，老翁跟着走，但路人责备孩子，说他太没礼数，不知敬老，叫老人徒步。他们便对换一下，而旁人又说老人太狠心，不懂得爱幼，让孩子徒步走。老人于是就将孩子抱到驴背上，两人共骑一驴，后来看见的人却说他们残酷，太没有善心，把驴子累得要死。于是他们都从驴背上下来，走了不久，又有人笑话他们，说他们是呆子，空着现成的驴不骑。于是老人对孩子说：我只剩下一个办法了，就是我们俩抬着驴走。

一个人重视自己在别人心目中的形象，看重众人对自己的评价是可以理解的，做得适度，还能表现一个人的自尊，但如果过度了，则是一记暗伤。为了得到他人的好感、好评，就去刻意改变自己，扭曲自己，迷失自己，烦恼一生，痛苦一生。因为人们对一个人的反应总是像各种各样的多棱镜，不会一致说好，即使你做得再好，也会有人说不好。

2003 年 3 月，一位旅游者在意大利的一座山上，发现一块墓碑，碑文记述了一位名叫托比的人是怎样被老虎吃掉的。据说这块墓碑是柏拉图和他的学生为那人竖立的，大意是这样：托比从雅典来意大利讲学，途经此山，发现了一只老虎，进城后跟别人说，但没有人相信他。因为在这座山上从来就没有人见过老虎，不仅这座山没有，而且周围的山上也没有。

可托比坚持说见到了老虎，并且说是一只威武雄壮的老虎。可是无论他怎么说就是没有人相信他的话。最后，他说，我带你们去看，如果见到了真老虎，该相信了吧。于是柏拉图的几个学生跟他上了山。可是漫山遍野找了个遍，就是不见老虎的影子，甚至，连根老虎的毛也没有看见。但托比仍对天发誓说他确确实实在那棵大树下见到了老虎，跟他去的几个人都说，你当时一定是看花了眼。你最好还是不要说确实看到了老虎，否则人们会说我们城邦里来了个最会撒谎的人。

我怎么会是个撒谎的人呢？我的的确确是见到了一只老虎，怎么就没有人相信我呢？在接下来的日子，他为了证明自己没有说谎，逢人就说他没有撒谎，是诚实的，确实是见到了老虎。可是说到最后，人们不仅见到他就躲，并且在背后还议论他：看！这就是从雅典来的疯子。本来是来意大利讲学，是想成为有学问和道德修养的人，现在，却被人们认为是一个疯子和撒谎者。

他怎么也想不通，他发誓一定要让人们相信自己是诚实的。为了证明自己确实见到了老虎，在他来到意大利的第十天，他买回了一支猎枪就开始上山了。他要找到那只老虎，并且要把那只老虎打死带回来，让全城的人都看一看，他没有撒谎。然而，他这一去就再没有回来，三天后，人们在山中发现一堆撕碎的衣服和一只脚。经城邦的法官验证，托比是被一只重量至少五百磅的老虎吃掉的。托比并没有撒谎，他确确实实在这座山上见到了一只老虎。

这段碑文是谁写的并不重要，重要的是这块碑文向世人所作的一个暗示：

世上有许多不幸，都在于急着向别人证明自己正确。那种急于证明自己的人，其实就是寻找一只能把自己吃掉的老虎。在事实和真理面前，真正的智者都是走自己的路，任别人去评说。

47 机会眷顾一直行动的人

现实生活中，有人会因为失败而放弃，也有人因为战胜失败而成就一番更大的事业；有人会因为对手强大而畏惧，也有人会因为挑战巨人而使自己快速成为巨人；有人会因为产品卖不出去而抱怨产品、抱怨公司、抱怨顾客，也有人因为产品卖不出去而创新出大受市场欢迎的新产品和新服务；有人会因为受不了上司的严厉而每每跳槽，也有人会因为“严师出高徒”而使自己能胜任更复杂的工作后不断晋升到高位！

对事物的看法，没有绝对的对错之分，但有积极与消极之分，而且每个人都必定要为自己的看法承担最后的结果。消极思维者，对事物永远都会找到消极的解释，并且总能为自己找到抱怨的借口，最终得到了消极的结果。接下来，消极的结果又会逆向强化他消极的情绪，从而又使他成为更加消极的思维者，这是一个恶性循环的怪圈。

一个人在高山之巅的鹰巢穴里，抓到了一只幼鹰，他把幼鹰带回家，和鸡一起养在鸡笼里。这只幼鹰和鸡一起啄食、嬉闹和休息，它便一直以为自己也是一只鸡。这只鹰渐渐长大，羽翼丰满了，主人想把它训练成猎鹰，可是由于终日和鸡混在一起，它已经变得和鸡完全一样，根本没有飞的愿望了。

主人试了各种办法，都毫无效果，最后把它带到山顶上，一把将它扔了出去。这只鹰像块石头似的，直掉下去，慌乱之中它拼命地扑打翅膀，就这样，它终于飞了起来！

我们每一个人的成长过程都与这只鹰学会飞翔的过程一样，只有历经磨炼才可以唤起成功的力量，只有经过坎坷和磨难，才能获得成功的条件。当我们面对危机的时候往往会生发出巨大的潜在力量，所以我们要学会挑战自己，淘汰自己，让自己面对困难和挑战，这是我们前进的动力。

所有的这一切正如叔本华所言：“事物的本身并不影响人，人们只受对事物看法的影响！”即使我们不能改变环境，至少我们可以改变内心的想法和看待事物的态度。我们不可以改变自己的容貌但可以展现笑容；我们不能控制他人，但可以掌握自己；我们不能预知明天，但可以利用好今天；我们不可能每战每胜，但我们可以尽心尽力。所以我们要立刻行动，要直面困难，积极地去生活。

在很久以前，30 岁的小王只身闯荡深圳。当他得知一家企业内刊招聘记者，当即携作品集赶了过去。

到现场一看，仅有的一个岗位，竞争者竟达 125 人！而且其间不乏学历、资历、年龄、口才诸方面胜过自己者。见此阵势，小王本欲打退堂鼓，可又一想既然来了，长长见识也是好的，便耐着性子坐下来。

面试的人太多，而且主考官正是该公司的老总，小王又被安排在后面，看着应聘者一个接一个面色沉重地走出考场，他已预感到形势对自己越来越不利，必须采取独特的面试方式打动老总才能出奇制胜。

这时候，在会客室里坐等的几位应聘者开始闲聊。其中有这么几句牢骚话引起了他的注意："来的都是有经验的人，小小内刊还拿不下来？一个面试还搞这么复杂！""肯定要当面出题让应聘者动笔，不怕它，都带了作品集来，还说明不了问题？"

小王心里一动，当即赶往楼下的打字店，以"求贤若渴"为题写下一篇现场短新闻。回到会客室时，正好轮到自己出场了。

面试的内容有些出乎他的意料，神色已略显疲惫的老总既没提业务，也不问应聘者经历，而是要他从自己的角度谈谈如何当好内刊记者。小王当即递上刚打印完的那篇短新闻稿说，自己的角度就是"敏锐"。

最终小王成了应聘人员中百里挑一的幸运儿。老总说："其实正确的方法大家都注意到了，但心动不如行动，你要当时把大家都注意到的东西先做在前面。"

是呀，心动不如行动，只有你当时把大家都注意到的东西先做在了前面。

我们还等什么？想好了，你就干，你才会有机会。只停留在"想"字上的人，他的愿望也只能是幻想。

48 只要行动没什么不可能

有人曾经做过一个实验：他往一个玻璃杯里放进一只跳蚤，发现跳蚤轻易地便可以跳了出来。重复几遍，结果还是一样。根据测试，跳蚤跳的高度一般可达它身体的四百倍左右，所以跳蚤称得上是动物界的跳高冠军。

接下来实验者再次把这只跳蚤放进杯子里，不过这次他立即在杯上加一个玻璃盖，"嘣"的一声，跳蚤重重地撞在玻璃盖上。跳蚤十分困惑，但是它不会停下来，因为跳蚤的生活方式就是"跳"。一次次被撞，跳蚤开始变得聪明起来了，它开始根据盖子的高度来调整自己所跳的高度。再一阵子以后呢，发现这只跳蚤再也没有撞击到这个盖子，而是在盖子下面自由地跳动。

一天后，实验者开始把盖子轻轻拿掉，跳蚤不知道盖子已经除掉了，它还是在原来的那个高度继续地跳。三天以后，实验者发现那只跳蚤还在那里跳。一周以后发现，这只可怜的跳蚤还在这个玻璃杯里不停地跳着，而从未跳出过瓶口。其实它已经无法跳出这个玻璃杯了，从一个跳蚤变成了一个可悲的爬蚤！

现实生活中，是否有许多人也在过着这样的"跳蚤人生"？年轻时意气风发，屡屡去尝试成功，但是往往事与愿违，屡屡失败。几次失败以后，他们便开始不是抱怨这个世界的不公平，就是怀疑自己的能力，他们不是不惜一切代价去追求成功，而是一再地降低成功的标准，即使原有的限制已取消。

就像刚才的"玻璃盖"，虽然已被取掉，但他们早已经被撞怕了，不敢再跳，或者已习惯了，不想再跳了。人们往往因为害怕去追求成功，而甘愿忍受失败者的生活。难道跳蚤真的不能跳出这个杯子吗？绝对不是，只是它的心里面已经默认了这个杯子的高度是自己无法跳越的。

让这只跳蚤再次跳出这个玻璃杯的办法十分简单，只需拿一根小棒子重重地敲一下杯子；或者拿一盏酒精灯在杯底加热，当跳蚤热得受不了的时候，它就会"嘣"的一下，跳了出去。人有些时候也是这样。很多人不敢去追求成功，不是追求不到成功，而是因为他们的心里面也默认了一个"高度"，这个高度常常暗示自己的潜意识：成功是不可能的，这个是没有办法做到的。

“心理高度”是人无法取得伟大成就的根本原因。我们要不要跳？能不能跳过这个高度？能不能成功？能有多大的成功？这一切问题都取决于自我设限和自我暗示！一个人在自己的生活经历和社会遭遇中，如何认识自我，在心里如何描绘自我形象，也就是你认为自己是个什么样的人，成功或是失败的人，勇敢或是懦弱的人，将在很大程度上决定自己的命运。你可能渺小，也可能伟大，这都取决于你对自己的认识和评价，取决于你的心理态度如何，取决于你能否靠自己去奋斗了。

因此我们必须不断战胜自己和超越自己，只有自己才是自己最可怕和最强大的敌人，很多事情并不是自己被别人打败了，而是自己被自己的失败心理打败了！我们要坚信自己的生活信念，不管遇到了多么严重的挫折，不论碰到了多么巨大的困难，都不会发生动摇。永不言败，不断拓展自己的生活空间。

第五章　成大事者善于控制心态

喜欢抱怨的人在世上难有立足之地，烦恼忧愁更是心灵的杀手。缺少良好的心态，如同收紧了身上的锁链，将自己紧紧束缚在黑暗中，这是成大事者的大忌。

49 你的心态怎样，你的人生便怎样

为什么有些人就是比其他的人更成功，赚更多的钱，拥有不错的工作、良好的人际关系、健康的身体，整天快快乐乐地过着高品质的人生，似乎他们的生活就是比别人过得好？而许多人忙忙碌碌地劳作却只能维持生计。其实，人与人之间并没有多大的区别。但为什么有许多人能够获得成功，能够克服万难去建功立业，有些人却不行？

不少心理学专家发现，这个秘密就是人的“心态”。一位哲人说：“你的心态就是你真正的主人。”一位伟人说：“要么你去驾驭生命，要么是生命驾驭你。你的心态决定谁是坐骑，谁是骑师。”

大概是40年前，福建某贫穷的乡村里，住了兄弟俩人。他们抵受不了穷困的环境，便决定离开家乡，到海外去谋发展。大哥好像幸运些，被奴隶般卖到了富庶的旧金山，弟弟被卖到比中国更穷困的菲律宾。

40年后，兄弟俩又幸运地聚在一起。今日的他们，已今非昔比了。做哥哥的，当了旧金山的侨领，拥有两间餐馆，两间洗衣店和一间杂货铺，而且子孙满堂，有些承继衣钵，又有些成为杰出的工程师或电脑工程师等科技专业人才。

弟弟呢？居然成了一位享誉世界的银行家，拥有东南亚相当分量的山林、橡胶园和银行。经过几十年的努力，他们都成功了。但为什么兄弟两人在事业上的成就，却有如此的差别呢？

兄弟聚头，不免谈谈分别以来的遭遇。哥哥说，我们中国人到白人的社会，既然没有什么特别的才干，唯有用一双手煮饭给白人吃，为他们洗衣服。总之，白人不肯做的工作，我们华人统统顶上了，生活是没有问题的，但事业却不敢奢望了。例如我的子孙，书虽然读得不少，也不敢妄想，唯有安安分分地去担当一些中层的技术性工作来谋生。至于要进入上层的白人社会，相信很难办到。

看见弟弟这般成功，做哥哥的，不免羡慕弟弟的幸福。弟弟却说，幸运是没有的。初来菲律宾的时候，担任些低贱的工作，但发现当地的人有些是比较愚蠢和懒惰的，于是便顶下他们放弃的事业，慢慢地不断收购和扩张，生意便逐渐做大了。

在美国，有一个名叫雷·克洛的人。他出生的那年，恰逢西部淘金热结束，一个本来可以发大财的时代与他擦肩而过。按理说，读完中学就该上大学，可是1931年的美国经济大萧条使其囊中羞涩而和大学无缘。后来他想在房地产上有所作为，好不容易才打开局面，不料第二次世界大战烽烟四起，房价急转直下，结果“竹篮打水一场空”。为了谋生，他到处求职，曾做过急救车司机、钢琴演奏员和搅拌器推销员。就这样，几十年来低谷、逆境和不幸伴随着雷·克洛，命运一直在捉弄他。

雷·克洛虽然屡遭挫折，但热情不减，执着追求。1955年，在外面闯荡了半辈子的他回到老家，卖掉家里少得可怜的一份产业做生意。这时，雷·克洛发现迪克·麦当劳和迈克·麦当劳开办的汽车餐厅生意十分红火。经过一段时间的观察，他确认这种行业很有发展前途。当时雷·克洛已经52岁了，对于多数人来说这正是准备退休的年龄，可这位门外汉却决心从头做起，到这家餐厅打工，学做汉堡包。麦氏兄弟的餐厅转让时他毫不犹豫地借债270万美元将其买下。经过几十年的苦心经营，麦当劳现在已经成为全球最大的以汉堡包为主食的速食公司，在国内外拥有1万多家连锁分店。据统计，全世界每天光顾麦当劳的人至少有1800万，年收入高达4.3亿美元。雷·克洛被誉为“汉堡包王”。

以上是真实的故事。它告诉我们：影响我们人生的绝不仅仅是环境，心态控制了个人的行动和思想。同时，心态也决定了自己的视野、事业和成就。

有两位年届70岁的老太太，一位认为到了这个年纪可算是人生的尽头，于是便开始料理后事；另一位却认为一个人能做什么事不在于年龄的大小，而在于拥有怎样的想法。于是，她在70岁高龄之际开始学习登山，其中几座还是世界上有名的。她还以95岁高龄登上了日本的富士山，打破攀登此山年龄最高的纪录。她就是著名的胡达·克鲁斯老太太。

70岁开始学习登山，这乃是一大奇迹。但奇迹是人创造出来的。成功人士的首要标志，是他思考问题的方法。一个人如果是个积极思维者，实行积极思维、喜欢接受挑战和应付麻烦事，那他就成功了一半。胡达·克鲁斯老太太的壮举正验证了这一点。

有志不在早晚，上面的故事给人以深刻的启迪。生活处处有磨难，关键在于人的心理是否承受得起。无论身处何种境地，只要有热情，有眼光，有勇气，起步永远不晚，成功就在脚下，宽广的路总是为那些自强不息、审时度势的人准备的。

“一个人如果缺乏热情，那是不可能有所建树的。”作家拉尔夫·爱默生说，“热情像糨糊一样，可让你在艰难困苦的场合里紧紧地粘在里，坚持到底。它是在别人说你‘不行’时，发自内心的有力声音——‘我行’。”

一位名人曾经说过：播下一种心态，收获一种思想；播下一种思想，收获一种行为；播下一种行为，收获一种习惯；播下一种习惯，收获一种性格；播下一种性格，收获一种命运。这番话寓意深刻，富有哲理，辩证地解释了“心态决定命运”这样一个道理。正因为雷·克洛拥有热情的心态，才使得命运瑰丽多彩。的确，心态是真正的主人，你的心态决定了谁是坐骑，谁是骑师。积极的心态使你充满力量，去获得财富、成功、幸福和健康，攀登到人生的顶峰；而消极的心态却把一切让你的生活有意义的东西剥夺得一干二净，在人生的整个航程中处于“晕船”的状态，对将来总感到失望。

事实上，人和人之间的差别不过是那么一点点，然而这细微的差别却有着极大的不同。小小的差别体现在思维方式上，极大的不同之处在于所采取的思维方式究竟是积极的还是消极的。在失败者中，十个有九个其实是自己放弃了成功的希望，并不是被打败的。他们的人生被过去的种种失败和疑虑所引导和支配，预期得到的是最糟糕的东西，而且确实会得到。可成功者正相反，充满乐观的精神和积极的思考。在雷·克洛看来，生活处处有磨难，关键在于自己的心理是否承受得起。失败是暂时走了弯路，而并非走进了死胡同。正因为这样看待失败，所以他能够战胜自我，超越自我，走向人生的辉煌，成为大器晚成的“汉堡王”。

50 坚信不幸只是过客

生命并不是一帆风顺的幸福之旅，而是时时在幸与不幸、浮与沉、光明与黑暗之间的模式里摆动。面对种种的不幸，只有一个方法——就是接受它。心理学家、哲学家威廉·詹姆斯提出忠告："要乐于接受必然发生的情况，接受所发生的事实，是克服随之而来的任何不幸的第一步。"事情既然如此，就不会另有他样。在漫长的岁月中，你我一定会碰到一些令人不快的情况，它们既是这样，就不可能是他样。我们也可以有所选择。我们可以把它们当作一种不可避免的情况加以接受，并且适应它，或者我们可以用忧虑来毁了我们的生活和工作，甚至最后可能会被弄得精神崩溃。

当我们的生活和工作被不幸遭遇分割得支离破碎的时候，只有时间可以把这些碎片捡拾起来，并重新抚平。我们要给时间一个机会。在你刚刚受到打击的时候，整个世界似乎停止运行，而我们的苦难也似乎永无止境。

这不是说，在碰到任何挫折的时候，都应该低声下气，那样就成为宿命论者了。不论在哪一种情况下，只要还有一点挽救的机会，我们就要奋斗。但是当普通常识告诉我们，事情是不可避免的——也不可能再有任何转机时——我们就应该保持理智，不要"左顾右盼，庸人自扰"。

当你"不幸"遇到不幸时，你可以这样做：

1. 先试着接受这不可避免的事实；

2. 让时间去治疗你的伤痛；

3. 采取一些行动，改变你的困境；

4. 充分坚定信心，因为不幸只是过客。

挥挥手，向不幸告别；如果你沉迷了，那不幸只能陪在你的身旁，做你永远的伴侣了。

有人说，偶然的失败不会使我心灰意冷，但要是你做了一项成功性本来极小、而且失败不断出现的事情的时候，你还会不会坚持下去呢？

希拉斯·菲尔德先生退休时积攒了一大笔钱，他突发奇想，想在大西洋的海底铺设一条连接欧洲和美国的电缆。随后，他就全身心地开始推动这项事业。他使尽浑身解数，总算从英国政府那里获得了资助，开始他的铺设工作。不过，就在电缆铺设到 5 英里的时候，它突然卷到了机器里面，被弄断了。

菲尔德不甘心失败，又进行了第二次试验。在这次试验中，铺了 200 英里长时，电流突然中断，不久又神奇出现，结果轮船在夜间突然发生一次严重倾斜，制动器紧急制动，不巧又割断了电缆。

但菲尔德并不是一个容易放弃的人。他又订购了 700 英里的电缆，而且还聘请了一个专家设计出一台更好的机器，以完成这么长的铺设任务。最终，两艘军舰在大西洋上会合了，电缆也接上了头；随后，两艘船分别驶向爱尔兰和纽芬兰，结果他们都把电缆用完了。其间，他们又经历了三次电缆割断事故，最后不得不返回爱尔兰海岸。他继续为此日夜操劳，废寝忘食地工作，因为他不甘心失败。

于是，第三次尝试又开始了，这次总算一切顺利，铺设工作圆满完成，一切似乎就要大功告成！但电流突然又中断了。这一回，除了菲尔德和少数几个人，几乎没人不感到绝望。但凭借菲尔德的信心和坚持不懈的毅力，他们又找到了投资人，开始了新一轮的尝试。1866 年 7 月 13 日，新一次试验又开始了，并顺利接通，发出了第一份横跨大西洋的电报！电报内容是：“7 月 27 日。我们晚上 9 点到达目的地，一切顺利。感谢上帝！电缆都铺好了，运行完全正常。希拉斯·菲尔德。”

厄运对人的刺激往往比较强烈，并伴随着心理、生理活动不同程度的卷入，因而会给人以深刻的印象，尤其给人带来阴影的东西，更会使人感到时时被它所纠缠。然而，事情如果已经发生，那就应当面对它，寻找解决的办法；如果已经过去，那就应当丢开它，不要老是把它保留在记忆里，更不要时时盯住它不放。痛苦的感受犹如泥泞的沼泽地，你越是不能很快从中脱身，它就越可能把你陷住，越陷越深，直至不能自拔。

南唐后主李煜被俘后赋词曰：

往事只堪哀，对景难排。
秋风庭院藓侵阶。
一任珠帘闲不卷，终日谁来！
金剑已沉埋，壮气蒿莱。

晚凉天净月华开。

想得玉楼瑶殿影，空照秦淮。

像这样留恋逝去的荣华，死盯住自己的遭遇不放，哪能不被沉重的痛苦情绪所压倒呢？

鲁迅笔下的祥林嫂，心爱的儿子被狼叼走后，痛苦得心如刀剜，她逢人就诉说自己儿子的不幸。起初，人们对她还寄予同情。但她一而再、再而三地讲，周围的人们就开始厌烦，她自己也更加痛苦，以致麻木了。老是向别人反复讲述自己的痛苦，就会使自己久久地不能忘记这些痛苦，更长久地受到痛苦的折磨。

当然，我们不是主张完全不去看它，采取逃避的态度。而是说，一方面，情感不要长久地停留在痛苦的事情上；另一方面，我们的理智应当多在挫折和坎坷上寻找突破口，力争克服它，解决它。

许多人以为，信心的有无是天生的、不变的。其实并非如此。童年时代招人喜爱的孩子，从小就感觉到自己是善良、聪明的，因此才获得别人的喜爱。于是他就尽力使自己的行为名副其实，造就自己成为他相信的那样的人。而那些不得宠的孩子呢？人们总是训斥他们：“你是个笨蛋、窝囊废、懒鬼，是个游手好闲的东西！”于是他们就真的养成了这些恶劣的品质，因为人的品行基本上是取决于自信的。我们每个人的心目中都有各自为人的标准，我们常常把自己的行为同这个标准进行对照，并据此去指导自己的行动。所以，我们要使某个人变好，应该对他少加斥责，要帮助他提高自信心修正他心目中的做人标准。如果我们想进行自我改造，进行某方面的修养，我们就应首先改变对自己的看法。

对真善美的自信，于我们至为重要。我们总是本能地竭力保持这种自信所造成的形象。我们也接受别人的批评，但我们接受的只是那些善意的和那些我们认为对自己信任和爱护的人的批评。若是有人伤害我们的自尊心，即以己之见贬低我们，训斥我们，谩骂我们是笨蛋、呆子时，我们便愤然而起，进行反击。我们的心理自发地护卫着自己，护卫人最宝贵的——自信心。假若有人削弱了我们的自信心，那我们真的就会堕落，我们追求真善美的意志就会衰退。

大音乐家瓦格纳遭受同时代人的批评攻击，但他对自己的作品有信心，终于战胜世人。黄热病流传许多世纪，死的人不计其数，但是一小队医疗人员相信可以征服它，在古巴埋头研究，终告胜利。达尔文在一个英国小院中工作20年，有时成功，有时失败，但他锲而不舍，因为他自信已经找到线索，结果终得成功。

51 相信自己才能救自己

在成功者的词典里，是绝没有“绝望”一词的，因为他们不会轻易地否定自己，只知道等待自己的终将是希望，即使许多事情似乎已经到了绝望的边缘，他们也会冒险拼搏一下，为自己挖掘生存的希望。

这里有一个放牛娃绝处逢生的故事，它告诉人们即使在最绝望的时候也要扼守住最后的希望，并去做最后的拼搏和冒险，这样，就会多给自己一次机会。说不定，会因此而获得一个崭新的人生。

一天，放牛娃上山砍柴，突然遇到老虎袭击，放牛娃吓坏了，抓起镰刀就跑。然而，前方已是悬崖！老虎却在向放牛娃逼近。为了生存，放牛娃决定和老虎决一雌雄。就在他转过身面对张开血盆大口的老虎时，不幸一脚踩空，向悬崖下跌去。千钧一发之际，求生的本能使放牛娃抓住了半空中的一棵小树。这样就能够生存了吗？上面是虎视眈眈、饥肠辘辘的老虎，下面是阴森恐怖的深谷，四周到处是悬崖峭壁，即使来人也无法救助。吊在悬崖中的放牛娃明白了自己的处境后，禁不住绝望地大哭起来。

这时，他一眼瞥见对面山腰上有一个老和尚正经过这里，便高喊“救命”。老和尚看了看四周的环境，叹息了一声，冲他喊道：“本人没有办法呀，看来，只有你自己才能救自己啦!”

放牛娃一听这话，哭得更厉害了：“我这副样子，怎么能救自己呢？”

老和尚说：“与其那么死揪着小树等着饿死，不如松开你的手，那毕竟还有一线希望呀!”说完，老和尚叹息着走开了。放牛娃又哭了一阵，还骂了一阵老和尚见死不救。天快要黑了，上面的老虎算是盯准了他，死活不肯离开。放牛娃又饿又累，抓小树的手也感到越来越没有力量。怎么办？放牛娃又想起了老和尚的话，仔细想想，觉得他的话也有道理。是啊，这么下去，只能是死路一条，而松开手落下去，也许仍然是死路一条，但也许就会获得生存的可能。既然怎么都是个死，不如冒险试一试。

于是，放牛娃停止了哭喊，他艰难地扭过头，选择跳跃的方向。他发现万丈深渊下似乎有一小块绿色，会是草地吗？如果是草地就好了，也许跳下去后不会摔死。他告诉自己："怕是没有用的，只有冒险试一试，才能获得生存的希望。"他咬紧牙关，在双脚用力蹬向绝壁的一刹那松开了紧握小树的手。身体飞快地向下坠落，耳边有风声在呼呼作响，他很害怕，但他又告诉自己绝不能闭上眼睛，必须瞪大眼睛选择落脚的地点。奇迹出现了——他落在了深谷中唯一的一小块绿地上！

后来，放牛娃被乡亲们背回家养伤。两年以后，他又重新站立起来！放牛娃用自己的经历告诉人们，绝处也能逢生。只要你不放弃希望，不放弃努力，就有可能获得重生的机会。

不要轻易地就对生活绝望，把灾难当作一所学校，把逆境当成营养，敢于为自己冒一个大险，结果可能是你抓住了机遇，营造了生命的春天。

怀有勇敢的拼搏精神，不对命运服输，不承认世界上有绝望之说，始终扼守着最后的希望，于绝望之处挖掘出希望来。这也许就是许多人做事成功的秘诀吧。

52 直面挫折，勇于坚持

有些人将踏实理解为不犯错误，工作思前想后，如履薄冰，他们不会接近错误，更不敢承受风险。他们将错误视同挫败、被毁、死亡及歼灭。他们一心只求不犯错误，几乎完全忘记了他们想赢什么。不犯错误变成了一种胜利。你问这些人："你赢了什么?"他们说——往往还充满自豪——"我也不晓得，可是至少我没犯错误!"一心只求不犯错误的人会变得僵化、没有弹性、独断专行。他们认定，"坚持"就能得到想要的。如果他们要的是不犯错误，往往就会不犯错误。但是，如果他们要的是赢，而赢的本质就必须在弹性之中而不是在僵硬里去找。

我们的工作肯定会碰到一些不可回避的事情，或许是个错误。每一次你都要鼓起勇气从最低处坚持着走出来，没有一次次的低谷，换不来更高处的清风扑面。你看见过倒地的大象吗?大象几乎一向是以站立、行走或者奔跑的姿态示人的。但是它也会生病。这种时候，大象也要保持站立的姿态。为什么?大象的巨大体重决定了这一切。一旦它倒下来，巨大的内脏会互相挤压，再加上象体本身的重量，将会使自身受到更大的伤害。所以，除非到了生命的终结，大象是不会倒下的。请你也坚持正视错误，或许一秒钟之后，就会柳暗花明。

"踏实"不是绕弯避开错误。

"踏实"不是护身符，可以与错误、困难绝缘。每个人都可以犯错误，但是要从错误中学习，而不是一味地摔跟头。

如果犯错误是埋下一粒种子，坚持下去，正视自我是修枝剪叶和改正错误;在错误中学习，得到经验才是美味果实。

20 世纪 50 年代，有一位女游泳选手，她发誓要成为世界上第一位横渡英吉利海峡的人。为了达成这目标，她不断地练习，不断地为这历史性的一刻做准备。

这一天终于来临了。

女选手充满自信地昂首阔步，然后在众多媒体记者的注视下，满怀信心地跃入大海中，朝对岸英国的方向前进。

旅程刚开始时，天气非常好，女选手很愉快地向目标挺进。

但是随着越来越接近英国海岸，海上起了浓雾，而且越来越浓，几乎已到了伸手不见五指的程度。

女选手处在茫茫大海中，完全失去了方向感，她不晓得到底还有多远才能上岸。

她越游越心虚，越来越筋疲力尽。最后她终于宣布放弃了。

当救生艇将她救起时，她才发现只要再游一百多米就到岸了。

众人都为她惋惜，距离成功已经那么近了。

她对着众多的媒体大发娇嗔："不是我为自己找借口，如果我知道距离目标只剩一百多米，我一定可以坚持到底，达成目标的。"

是的，也许她再坚持一点点就取得成功了，但就是差这么一步，就有了成功和失败的区别。人们经常会停滞在离成功还有一点点距离的地方，但是那个地方依然叫作失败。

也许你会对你的工作现状不满，也许你会对一个未完成的计划没有信心，也许你会对你迟迟没有被提拔心怀芥蒂……

这时，也许你会选择愤怒地离开，貌似潇洒地放弃。但是，你同时会失去很多你即将得到的东西！

53 全力以赴，坚持到底

任何成功都必须全力以赴，坚持到底，否则你永远无法得到你想要的一切。

亨利·福特在成功之前因失败而破产过5次。丘吉尔直到62岁才成为英国首相，那时他已经历过无数次失败和挫折了。他最伟大的贡献是在他成为“年长公民”后完成的。有18位出版家否决掉理查·巴哈的1万字故事《天地一沙鸥》，最后这本书由麦克米兰出版公司于1970年印行。到了1975年，仅在美国一地，这本书便卖出700万本。

在成功的过程中，坚毅是无可取代的。我们时常会发现许多失败的人都是有特殊天分的，他们拥有许多大好的机会，只因为太快放弃而未能成功，热情也在一夜之间为懒惰和不耐烦所取代。

坚毅和决心才是使工作完成的关键。如果你想成功，你必须坚持到底。

世界上所有的一切都是宇宙有创意的表现，我们每个人都是宇宙的一部分。只有在我们致力完美时，才会去想我们被创造的原因。只有视人类为神圣的杰作，才能说明每日的奋斗会使我们变成想要达到的人。

一位哲人说过，任何人都可以数得出一个苹果里有多少种子，但只有上帝知道一粒种子里有多少苹果。

想实现梦想必须要行动，而行动必须要有恒心。只有既有行动又有恒心的人，发挥潜能，成就伟业，才能达成目标。行动要有恒心，这是开发潜能的重要因素。

从龟兔赛跑的故事中可知，竞赛的胜利者之所以是笨拙的乌龟而不是兔子，就是由于兔子在竞争中缺乏持之以恒的精神。因而，恒心和毅力对想获得事业成功的人来说，是必备的条件。

半途而废，浅尝辄止，发挥潜能的愿望永远只能是梦。

你想要更上一层楼就必须做得更多更好。

如果一个人能把所有精力都投入到自己的强项上，让自己比别人做得更多更好，结果会怎样？必然会有所建树！

渥沦·哈特葛伦博士是一位博学多才的老人，他以前是一所大教堂的牧师，后来退休了。他曾经问过一位年轻人是否了解南非树蛙，年轻人坦白地说：不知道。

博士诚恳地说："如果你想知道，你可以每天花五分钟的时间阅读相关资料，这样，5年内你就会成为最懂南非树蛙的人，你会成为这一领域中最具权威的人。"

年轻人当时未置可否，但他后来却常常想起博士的这番话，觉得这番话真的道出了许多人生哲理。

我们大多数人都不愿意每天投资5分钟的时间（与5个钟头的时间相比实在是少之又少）努力成为自己理想中的人。

伍迪·艾伦说过，生活中90%的时间只是在混日子。大多数人的生活层次只停留在：为吃饭而吃、为搭公车而搭、为工作而工作、为了回家而回家。他们从一个地方逛到另一个地方，事情做完一件又一件，好像做了很多事，但却很少有时间从事自己真正想完成的目标。就这样，一直到老死。我猜想很多人临到退休时，才发现自己虚度了大半生，剩余的日子又在病痛中一点一点地流逝。

成大事者与不成大事者之间的距离，并不如大多数人想象的是一道巨大的鸿沟。成大事者与不成大事者只差别在一些小小的动作：每天花5分钟阅读、多打一个电话、多努力一点、在适当时机的一个表示、表演上多费一点心思、多做一些研究或在实验室中多试验一次。

在实践理想时，你必须与自己做比较，看看明天有没有比今天更进步——即使只有一点点。

只要再多一点能力；

只要再多敏捷一点；

只要再多准备一点；

只要再多注意一点；

只要再多培养一点精力；

只要再多一点创造力。

通常只有遇到实际的状况后，才能分辨你的能力足不足以胜任那份工作。如果你是一个外科医生，动手术时却手脚笨拙，就说明你医术不佳；如果你是一个厨师，人们无法知道你厨艺好不好，除非你准备了一顿让人食不下咽的餐点，人们才会晓得。

评断你能力的最佳裁判不是你的老师、消费者或你的朋友——而是你自己！

在行动之前你自己就知道你是否足以胜任这一个任务。你可以想尽办法掩饰你的无能，并祈祷没有人会发现你知道得很少，动作多么的不熟练。但终究你还是得面对自己的无能，也必须自己想办法修正。

没有任何借口可以解释你为什么长时间仍然无法胜任一项工作。第一天你可能什么都不知道，第二天你应该懂点什么。第一次尝试一份工作，你可能没办法表现得很完美，但经过一两天的练习，你应该要比第一天做得更好。

别人可能也无法真正断言你是不是一个诚实的人——在实际的表现之前。只有你自己才知道自己的动机或企图，只有你自己才知道你诚不诚实、值不值得信赖，只有你自己才知道你提供的交易公不公平。

人们通常了解他们自己是不是欺骗了他人，如果自己连这点都不知道，就已经成为病态的骗子，行为上也会有严重的偏差。

不论你想追求的是什么，你必须强迫自己增强能力以实现目标。

这就需要钻研自己的领域。认真地研读、仔细地观看、专心地聆听这行中顶尖的人的言行举止，并效法他们的作为。

勤加练习、勤加练习、最后还是勤加练习！决不放弃学习，而且一定要将学到的知识运用于日常生活中。保持与这一领域的最新发明、最先进技术和最新研究的资讯渠道畅通。参加新的发表会、展示会、讨论会或其他各种集会。

敏锐地观察相关的新趋势、新发现，你会为从中发觉新的可能而感到兴奋，这表示你可能已基于过去的努力而为未来发现了新的方向。你将会越来越杰出。

54 尽早发现自己的优势

美国“精神之父”爱默生曾经说过，每个人都是天使。有一个牧师也这样讲道：“每个人都是从天而降的天使。活在世界上的每个人都要利用上帝给予的独特恩赐，去发挥自己最大的潜能。”但他不是爱默生，当即就有人指着自己的塌鼻子反问道：“难道天使也有塌鼻子吗？”另外一位可爱的女士也附和道：“我的短腿也不会是上帝的创造吧？”

这位牧师微笑地回答说：“上帝的创造是完美的，你们也确实是从天而降的天使，只不过……”他指着塌鼻子的先生说，“你从天而降，但让鼻子先着地了。”他又指了指短腿的女士，“你从天而降时，忘记找降落伞了！”

每个人都是天使，我们不要因为降落过程的失误而忘记了人生旅程的目标是传播爱和快乐。

谚语说，上帝为每一个人关掉一扇门的时候，总是打开了另一扇门。意思就是人人都有天赋，人人都有机遇。天无绝人之路，死有时只不过是一条回归天堂的道路而已。所以请不要埋怨自己的弱势和缺陷，而要把注意力集中在自己的优势上面，即关注自己所拥有的东西。这些自己拥有的优势才是你赖以生存和发展的基础。

天使们个个都不同，有的人掌管爱情，有的人掌管正义。每个人也是一样，都有一项来自上帝的完美才能。这种才能在使用中，能够获得极大的乐趣。

阿格·罗伯特是毕加索同时代的人。他和毕加索自幼就是神童，他出生在一个农场里，儿时也喜爱绘画，可是由于生活的艰苦，他被繁重的农活淹没了。在休闲的季节里，他一天花上好几个小时凝神注视着周围五彩缤纷的景物。整整50个年头，他没有动过一下画笔。直到他退休在家，积聚多年的才能喷涌而出，很快就达到了创作的高峰，在全国范围内举办过二十多场个人画展，成为当时最杰出的画家之一。如果阿格·罗伯特先生能够早一些发现他的优势的话，很可能他就是另一个毕加索了。

人们常常花上几十年的时间从事某项工作，却很少花上几个小时考虑自己在这个工作中拥有哪些优势。优势或者天赋表现在如果你在持续地做某件事时，你能够乐在其中，就是说在工作本身中就能够获得。

优势并不一定都是某类工作，它更可能是工作中的某个方面，如做事开拓、谨慎、守纪律或者心细，如做人热情、威信、包容或者体谅。也可能是自己热爱的某个价值观念，如思考、成就、信仰、公正等等。有这么一个例子，一个医生从事本行业几年了，她每天照顾病人越来越感到心烦，她越来越不愿意和病人在一起了。她开始怀疑自己是不是入错行了。她反思自己，终于明白了，她喜欢照顾病人，只不过不喜欢照顾重病人，因为她对成就有不懈的追求，她喜欢看见自己照顾的病人日渐康复。于是她有意地选择照顾那些皮肤病者等轻患病人，这样她的工作越来越快乐，她的病人也康复得很快。

优势在工作中的体现就是乐于工作。有的人以为工作和享受是两个完全不同的事情，工作是辛苦的，人们不得不从事工作是为了赚钱，而享受无比的快乐，却是要花钱的。我有一个朋友，他非常喜欢花艺，他除了在自己的后院里养上各种花之外，他还为邻居养花，给他们讲解花艺，让邻居们能够享受花带来的清香。这个朋友生活很清贫，因为他常常失业。邻居们聚集在一起商量了一下，决定聘请他来做他们的花艺师，每个星期都上门服务，为此他可以得到一笔养家的钱。这个朋友听说后，难以接受邻居们的好意，一下子人际关系变得紧张起来了。他认为，做快乐的事情是不可以赚钱的，工作一定是枯燥的。

有人说：干一行，爱一行。这不错。干工作一定要喜欢，你越是抱着快乐的心情去工作，你就越能够发挥自己的优势，你的为人处世就越会卓有成效。

55 挑战成功了你就是榜样

自古希腊以来，人们一直试图达到4分钟跑完1英里的目标。人们为了达到这个目标，曾让狮子追赶奔跑者，也曾喝过真正的虎奶，但是都没实现4分钟跑完1英里的目标。于是，许许多多的医生、教练员和运动员断言：要人在4分钟内跑完1英里的路程，那是绝不可能的。因为，我们的骨骼结构不对头，肺活量不够，风的阻力又太大，理由实在很多很多。

然而，有一个人首先开创了4分钟跑完1英里的纪录，证明了许许多多的医生、教练员和运动员都断言错了。这个人就是罗杰·班尼斯特。更令人惊叹的是，一马当先，引来了万马奔腾。在此之后的一年，又有300名运动员在4分钟内跑完了1英里的路程。

训练技术并没有重大突破，人类的骨骼结构也没有突然改善，数十年前被认为是根本不可能的事情为什么变成了可能的事情，是因为有人没有放弃努力，敢于挑战，给人们做出了榜样的缘故啊！

这个故事也让我们想起一位美国作家对生活中三种类型的人——放弃者、半途而废者和攀登者的比喻。

在放弃者、半途而废者和攀登者这三种人中，只有攀登者的生活是全面的。半途而废者仅仅达到了基本的物质生活，还处于生活的基层，离全面的生活还很远。但是，攀登者就不一样了，他们对自己要去干的事情具有很深刻的目标意识，并且具有很强的热情。目标和激情无时无刻不引导着他们。他们知道如何体验快乐，并且把攀登看作是生活对他们的礼物和恩赐。攀登者知道山的顶峰不一定有最好的风景。但它具有一种诱人的、神秘的力量，而不是单纯的一个顶峰，并且整个攀登也充满了力量。攀登者忘不了那种力量，忘不了整个攀登过程的力量，这是一种超过他们到达目的地的力量。

攀登者明白许多不同的奖赏和收获，但他们注重的是长期的收益，而不是短期收益。他们知道现在每向前跨一小步，向上攀登哪怕一点距离，在日后都会给他们带来很大的收获。这与半途而废者是完全不同的。攀登者把满足放在了将来，而不像半途而废者仅仅对现状满足，并不敢去面对未来的可能性。

攀登者常常有一种强烈的信念，即相信某些事比他们自身更强大，这些更具有力量的事物正是他们想去征服的。当他们面对那些具有压倒一切以及巨大威慑的山峰时，这种信念就会让他们充满巨大的力量，敢于向最大的危险挑战，并且这也是他们希望的事情。也正是这种信念使攀登者敢于做别人不敢做的事，像登山一样，有人已经确定了某些路线是不能走的，但是攀登者并不相信这些，他们偏要从这些路线攀上顶峰，可见，攀登者不仅敢于向可能性挑战，而且更重要的是，他们敢于向不可能性挑战。战胜不可能性，并获得真正的胜利，这是攀登者最大的特点。

像在珠穆朗玛峰上一样，攀登者们都是坚持不懈的、固执的并且也具有极强的体力和恢复能力。他们在进取中不断排除障碍，找寻攀登的道路。如果他们到了一个绝对无法把握的地方或者走到一条死路上，他们的方法很简单，就是原路退回。当他们累了，无法再向前跨上一步，他们仍然给自己施加很大的压力。“放弃”不属于攀登者的词语，他们是离放弃最远的人。他们具有成熟性，以及理解偶尔的后退不过是为了更好地前进这一哲理。他们拥有超人的智慧，当然明白失败是进取的很自然的一部分。攀登者并不是蛮干的，他们那种勇敢的生活无不充满着真正的勇气和科学性。他们是生命的探索者，也是成功者。

当然，攀登者也是人。有些时候，他们也会感到厌倦，甚至担心攀登失败。他们可能会怀疑或者感到孤独、受到伤害。他们对自己的行为提出了疑问，有些怀疑自己的挑战。有时，你会看到他们与半途而废者混在一起。然而他们之间不同的是，攀登者正在积蓄力量，等待重新恢复活力，并将开始新的攀登，而半途而废者是不会再去攀登的，他们希望自己就待在这儿。对攀登者来说营地就只是一个营地，而对半途而废者来说，营地则是温暖的家。

攀登者善于迎接挑战，与他们的生活紧紧相连的是一种紧迫意识。他们自我鼓励，具有很高的精神动力，并且努力奋斗以获得生命的辉煌。可以说，攀登者就是行为的催化剂，他们总是让事情得以发生。

生活中的“攀登者”总具有远见卓识，他们常常能够鼓舞人心。有时，他们也能成为一个好的领导者。甘地——一位印度的精神领袖，他把自己无畏地贡献给了自由与美好生活，正因为这样，他才成为整个国家的领导者。甘地就是一个不懈的攀登者，他的事迹持续不断地鼓舞着这个世界。

56 操纵好情绪的“转换器”

《古兰经》里有句哲语说得很好：“如果你叫山走过来，山不走过来，你就走过去。”

在荷兰阿姆斯特丹，有一座15世纪的寺院，寺院的废墟里有一个石碑，石碑上刻着：“既已成为事实，只能如此。”

天有不测风云，人有旦夕祸福。人活在世谁都难免要遇上几次灾难或许多难以改变的事情。世上有些事是可以抗拒的，有些事是无法抗拒的，如亲人亡故和各种自然灾害，既已成为事实，你只能接受它、适应它。否则忧闷、悲伤、焦虑、失眠会接踵而来，最后的结局是，你不能改变这些无法抗拒的事实，而是让无法抗拒的事实改变了你。

有一位马老太太，她有一只祖传三代的玉镯子，每天擦了又擦，看了又看，真是爱不释手。一天不小心掉在地上摔碎了，老太太心痛万分，从此茶饭不思，人变得越来越憔悴。时隔一年，她离开了人世。最后咽气时，手里还紧紧攥着那只破碎的玉镯子。巴甫洛夫说：“一切顽固沉重的忧悒和焦虑，足以给各种疾病大开方便之门。”许多名医的医疗实验证明癫狂症、胃肠疾病、高血压症、冠心病及乳腺癌等，都与人的情绪有着直接的关系，有的则完全是由于强烈的情绪波动所引起的。马老太太的死与她忧悒的情绪有关。

覆水难收，徒悔无益。据说一位很有名气的心理学教师，一天给学生上课时拿出一只十分精美的咖啡杯，当学生们正在赞美这只杯子的独特造型时，教师故意装出失手的样子，咖啡杯掉在水泥地上成了碎片，这时学生中不断发出了惋惜声。教师指着咖啡杯的碎片说：“你们一定对这只杯子感到惋惜，可是这种惋惜也无法使咖啡杯再恢复原形。如果今后在你们生活中发生了无可挽回的事时，请记住这破碎的咖啡杯。”这是一堂很成功的素质教育课，学生们通过摔碎的咖啡杯懂得了，人在无法改变失败和不幸的厄运时要学会接受它、适应它。被称为“世界剧坛女王”的拉莎·贝纳尔，就是这位心理学教师的得意学生。她一次在横渡大西洋途中，突遇风暴，不幸在甲板上滚落，足部受了重伤。当她被推进手术室，面临锯腿的厄运时，突然念起自己所演过的一段台词。记者们以为她是为了缓和一下自己的紧张情绪，可她说："不是的！是为了给医生和护士们打气。你瞧，他们不是太正儿八经的了吗？"

威廉·詹姆斯说："完全接受已经发生的事，这是克服不幸的第一步。"接受无法抗拒的事实，既然是第一步，那么有没有第二步？有。拉莎手术圆满成功后，她虽然不能再演戏了，但她还能讲演。她的讲演，使她的戏迷再次为她而鼓掌。

拉莎·贝纳尔在面对无法抗拒的灾难时，能跳出焦虑、悲伤的圈子又跨上一个新的里程，这就是她的情绪"转换器"在起作用。

任何人遇上灾难，情绪都会受到影响，这时一定要操纵好情绪的转换器。面对无法改变的不幸或无能为力的事，就抬起头来，对天大喊："这没有什么了不起，它不可能打败我。"或者耸耸肩，默默地告诉自己："忘掉它吧，这一切都会过去！"紧接着就要往头脑里补充新东西，因为头脑每时每刻都需要东西补充，这种补充就能使情绪"转换器"发生积极作用。最好的办法是用繁忙的工作去补充，去转换，也可以通过参加有兴趣的活动去补充，去转换。如果这时有新的思想，新的意识突发出来，那就是最佳的补充和最佳的转换。物理学家普朗克，在研究量子理论的时候，妻子去世，两个女儿先后死于难产，儿子又不幸死于战争。普朗克不愿在怨悔中度过，便用加倍努力工作来转移自己内心巨大的悲痛。情绪的转换不但使他减少了痛苦，还促使他发现了基本量子，获得诺贝尔物理学奖。

57 打开心窗面对生活

一栋房子如果没有窗户，温暖的太阳就无法照进来，新鲜的空气也不能飘进来。

人也是一样，“心窗”没有打开的时候，就会感到气闷；“心窗”打开了，心才能够通达，心灵的视觉才更清晰。

一旦窗户打开了，心灵的空间也就豁然开朗，对于一些事情也能看得更透彻了，如此再来了解“空”的道理，就能消化“有”的烦恼。

如果看得到内心空间的好处，就要赶紧腾出空间来……

人，总是为了追求名、利、权势而劳碌终生；对于情爱，贪求不厌，在私情欲爱缠绵不休中，万般痛苦不能解脱！

有位太太的先生是知名的企业家，对她百依百顺，以世俗人眼光看起来，她是很享福，物质生活是富裕的，可以说是幸福中的幸福人。但她仍觉得很苦，看到一个朋友时，却哭得很伤心，朋友问她：“你有什么不满意呢？”她说：“你不知道啊！他对我感情不专，使我痛苦、不满。”

朋友劝她说：“到底你要追求多少感情才满意呢？不要太强求，感情如同一个球，愈硬碰，它跳得愈高愈远。”

她问：“那要如何解决呢？”

朋友回答道：“放宽尺度，你爱的范围太狭窄了，犹如把感情当成一条绳子，缚（管）得他对你产生敬而远之的心理，才使你那么痛苦。你应该以柔和的感情来宽容他的一切，不要以占有欲、威力来加在感情上面，否则先生表面又顺又爱，但内心却又烦又畏，也就难怪他会对你有欺骗的行为。你若能把爱扩大到去爱他所爱的人，他一定会感谢你，同时也更珍惜这份感情中的恩情，因为你所给予他的爱是那么的自在。人的感情就像是熔炉，只要你多给他宽大的爱，满足他的感情，再冷再硬的心也会被它熔化……”

这位为情所苦的太太，后来果真做到去爱他所爱的那些人。夫妻的感情如此，父母子女的感情也是如此。

“问世间情为何物，直教人生死相许”，婚姻是一种“缘”，若能因缘聚而相知相惜，实在是幸福。在通过共同生活交融中，彼此能互相包容欣赏对方的优点，方能圆融一生。在人生旅途上，彼此互相扶持、互相勉励，勇于承担与付出而不逃避。

很多在事业上未取得成功的人，都是因为年轻时自我放纵而造成的。他们的生活模式几乎是一样的，作息时间混乱，基本上凭本能、凭感觉懒洋洋地生活，想喝了，就去喝，想吃了，便去吃，过得随心所欲，浑浑噩噩，不断地浪费时间，而不懂得在人的一生中，要留一点属于自己的时间，与自我的心灵对话，看清自己，认识自我，扩大自我的生活空间，重建自己的生命力。

18 世纪法国最杰出的启蒙思想家卢梭非常珍惜与自我对话的机会，因为他深深地懂得这样做对未来的人生是多么重要，正是由于他深刻而又持久地与自我对话，他才成为“前无古人，后无来者”的伟大启蒙思想家。世界上许多伟大的宗教领袖经常远离人群，回归自我与心灵对话，一段时间之后再回到人群，与人分享自我心灵对话所得到的各种启示。穆罕默德在每一年的斋月期间，都会避隐到希拉山的洞窟里与自我心灵交流。他们无限扩展了自我生活空间，成为人类精神的伟大领导者。

留一点时间给自己，让自我的心灵解放出来，远离那些无关紧要的事情，去注意那些必须做的事情，更加看清你的过去、现在与未来，心灵的空间渐渐扩大，而你成功的力量正是来自于这个空间。

闻名于世的美国著名成人教育大师戴尔·卡耐基很强调这样一种观点，即一个人事业上的成功，只有 15%是由于他的专业技术，另外的 85%要靠自我心灵、人际关系、处世技巧。因此，他的基本哲学思想，就是着眼于人的自我心灵培养和人与人之间的沟通、交往、宽容，并汲取了行为科学和心理学的新成果，使人们事业成功，家庭幸福。

有一些人为一些小事而突发其火，乱说话、乱摔东西，这就是“情绪短路”的一种表现。用电短路会损坏电器，甚至酿成火灾；情绪短路，既伤害别人，也伤害自己。主要原因是自控与转移情绪的能力不强。这种能力与智能水平有关，可说是“情感智商”。

在交往中，常见到一些人的心情有如春、夏的气候，大起大落，变化无常。比如在公园玩得很开心，可回家后又觉生活单调枯燥而心烦，唉声叹气；与朋友团聚时热闹欢快，独自一人时又为孤寂而愁眉苦脸；时欢时苦，飘忽不定，着实叫人不可捉摸，不仅使人感到难以相处，也令自己异常难受。这种不正常的表现，是“心理斜坡”在作怪。

人的感情在受外界刺激的影响下，具有多度性和两极性。每一种情感具有不同的等级，还有着与之相对立的情感状态，如爱与恨、欢乐与忧愁等。感情的等级越高，“心理斜坡”就越大，也就容易向相反的情绪状态转化。“心理斜坡”不但使人情绪不稳，且会间接或直接地影响健康。

要克服“情绪短路”和“心理斜坡”的不良反应，得要重视自己的心理保健。正如古语所说：“心病还须心药医”。首先要自觉地消除思想上的偏差，人生不可能总是高潮，更不可能事事如意，在平凡日子中生活，就少不了要碰到麻烦事。关键是懂得放松自己，以平常心面对生活。只有这样，才能在不顺心时不致陷入烦恼的泥坑而不能自拔。只有善于保持良好的心理状态，才能为自己营造出良好的生理状态，从而赢得“健康人生”。

其次，应该勇对新生活，主动体验生活中的不同乐趣，这样既能在激荡人心的活动中体验激情的热烈奔放，又能在平淡如水的日常生活中享受悠然自得的生活情趣；既能在群体活动中感受快乐，又能在独自生活时创造充实。只有这样，才能在碰到不顺心的事或发生较大转换时，避免产生心理上的反差而诱发情绪短路。

其三，适当地“糊涂”是医治情绪病的良方。对人对事，只要不是原则问题，就大可“糊涂”待之。“糊涂”者，指不必事事计较谁是谁非，不去时时考虑个人得失，不去每每分析谁占了我便宜，不去常常思量自己有没有吃亏。老年人由于有“长者尊严关”“老年面子关”和不自觉而产生的“老子总是正确的”想法等等，“海纳百川”的气量，就更显得难能可贵了。但是，必须具有大气量，才可能轻松地生活。宽容，该是老年人心理基础最重要的一条。

其四，要加强理智对情绪的调控作用。古语云“物极必反”。这就是提醒我们，“乐极”与“气极”“怒极”都不好，应该时刻注意保持适度的冷静和清醒，在欢乐、顺心时，主动降温；遇苦闷或情绪转入低谷时，要换个积极的想法。事物都有多重性，受许多因素制约，要从有利及好的一面去想，自能摆脱情绪困境。也可用“以反制反”的办法来调整自己，如静极就外出活动一下，闹极就避开冷一冷，闷极就找人说一说……只要不断学习，坚持用正确的人生观、世界观指导自己的思想感情和行动，就能做到以理智控制情绪保康宁。古人都知道

“修德”是贯穿终生的主课，这一点也是我们现代人应该学习的。

古人曾说：“不如人意常八九，如人之意一二分。”一般来说，人的一生中处于逆境的时间大大多于顺境的时间。即使是历史上的帝王将相，现实生活中的富豪、名人等，各人都有各自的烦恼和忧伤。

现代研究证实，持久的不良情绪，特别是表现为烦恼、忧郁悲伤的消极情绪，还可通过神经、内分泌系统影响机体的免疫功能，使人体对细菌、病毒及肿瘤细胞的抵抗力下降。

一位英国哲学家说过的：“生命的潮汐因快乐而升，因痛苦而降。”打开你的心窗，你就能摆脱不良心境的影响，让自己的生活变得快乐幸福。

58 拔出心中所有的钉子

在人生的河流里，没有不受伤的船。每个人都会在人生的旅途中受到或大或小的挫折，我们没有必要为了受到挫折而生气发怒，更不要因为挫折而把身边的人当成我们发泄的对象。控制好自己的情绪，不要随意向别人发泄。

在合适的场合要有合适的情绪表达，不可产生过激情绪或行为。这也许一般人都能做到。比如，在别人遭遇不幸的时候，如果你表现出非常高兴的情绪，则显然是不太合适的。还有就是不要轻易将自己消极的情绪带给身边的人，更不要轻易将别人变成自己的出气筒。而这种情况相对来说就应该难得多，特别是对于中小学生来说，更是一件不容易的事，但是我们还是要努力学会这一点。如果我们不有意识地学会控制自己的情绪，而任由各种消极的情绪向他人宣泄，常常会给他人带来难以弥补的伤害。

有一个坏脾气的男孩，他经常因为小事而生气发火。在他 15 岁那天，父亲给了他一袋钉子，对他说："每当你发脾气的时候，就钉一个钉子在后院的围栏上。"男孩虽然有些不解，但仍是接过袋子，按照父亲的话去做。

第一个月，这个男孩每天都钉十几根钉子；到了第二个月，他钉的钉子数量减少了，每天只钉下不到十根。慢慢的，男孩钉下钉子的数量越来越少，同时他发现控制自己的脾气比钉下那些钉子更容易。终于有一天，这个男孩再也不会失去耐心而乱发脾气了。他告诉父亲这件事，父亲又要求他从现在开始，每当他能控制自己脾气的时候，就拔出一颗钉子。时间一天天过去，最后，男孩告诉他的父亲，他终于把所有的钉子都拔出来了。

父亲很高兴，牵着他的手，来到后院的围栏旁，温和地对他说："你做得很好，我的孩子。但是，看看围栏上的那些洞，这些栏杆永远不能恢复到从前的样子了。你生气的时候说过的那些话，就像那些钉子一样，在对方的心里留下了永久的伤口。话语的伤痛也像真实的伤痛一样，令人无法接受。"

在生活中，一时冲动说过的话，做过的事，往往会让我们后悔很久。学会控制自己的情绪，拔出心中所有的钉子，为别人开一扇窗，同时也给自己带来一片蔚蓝的天空。

59 不要为小事难过

戴尔·卡耐基说："不要让自己因为一些应该丢开和忘掉的小事烦恼，要记住：生命太短促了。"

当我们集中精力追求自己的梦想时，生活中的烦恼便会大大减少，便不会再为小事抓狂，因为我们在自己梦想的追求中得到了自我价值的实现，就不在乎身边这些丁点的麻烦事了。

有一个人夜里做了个梦，在梦中，他看到一位头戴白帽，脚穿白鞋，腰佩黑剑的壮士，向他大声叱责，并向他的脸上吐口水，吓得他立即从梦中惊醒过来。次日，他闷闷不乐地对朋友说："我自小到大从未受过别人的侮辱，但昨夜梦里却被人辱骂并吐了口水，我心有不甘，一定要找出这个人来，否则我将一死了之。"于是，他每天一早起来，便站在人潮往来熙攘的十字路口，寻找梦中的敌人。几星期过去了，他仍然找不到这个人。结果，他竟自刎而死。

看到这个故事，你也许会嘲笑主人公的愚蠢，做梦乃是一件极其稀松平常的小事，做噩梦也是常有的事，怎么能为此而大动干戈呢？可生活就有许多人为小事抓狂，为一点小事而和别人闹翻脸，甚至大打出手，这样的例子每天在街上都能看到。

中国有句古话说："九层之台，起于垒土；千里之堤，毁于蚁穴。"有的时候，事情虽小，但杀伤力却很强，小则破坏人的好心情，大则可以让人前功尽弃，甚至送命。历史上有多少大风大浪都过来了，却在阴沟里翻船的例子啊？今天不也正在上演一幕幕这样的悲剧吗？

在科罗拉州长山的山坡上，躺着一棵大树的残躯。据当地人讲，它曾有400多年的历史。在它漫长的生命历程中，曾被闪电击中过14次，它都挺过来了，但在最后，它却在一小队甲虫的攻击下永远倒下了。那些甲虫从根部向里咬，渐渐伤了树的元气。最后，这样一棵森林中的巨人，岁月不曾使它枯萎，闪电不曾将它击倒，狂风暴雨也没能把它摧毁，却栽倒在小小的甲虫手里。

生活中有多少这样的例子，能勇敢地面对生活中的艰难险阻，却被小事搞得灰头土脸，垂头丧气。家务事虽小，再大的清官却也断不清。其实并非清官无能，而正是他们的高明之处。亲人之间，为一点点小事而反目成仇，实在是不应该，为何要给他们分个一清二白呢？就让他们糊涂到底吧，这样反而比分清谁是谁非更好。

别为小事抓狂，对待一些委屈和难堪的遭遇，在内心转变成另一种心情，以健康积极的态度去化解这一切。如果能从中得着更大的益处，不也是另一种收获吗？这不是比到处记恨别人，处处结下冤家强吗？有一则小故事说，有一个人经过一棵椰子树，一只猴子从上面丢了一个椰子下来，打中他的头，这人摸了摸肿起来的头，然后把椰子捡起来，喝了椰子汁，吃了果肉，最后还用外壳做了个碗。

我们之所以对小事缺乏足够的承受能力，说明我们没有把精力放在更为重要的事情上。因此，面对生活中的烦恼，我们首先要问自己："这是我生活目标中至关重要的事情吗？人活在世上只有短短几十年，却浪费了很多时间去发愁一些一年之内就会忘了的小事值得吗？"

60 顺其自然，才会一路坦途

人不要去强求不属于自己的东西，要学会顺其自然。有的人违背规律去办事，就会进步艰难，而有的人顺应规律，就会得心应手，一路坦途。

每件事物都是有着两面性的，顺其自然亦是如此，不过人们多是关注它的消极而忘却它积极的一面。它积极的一面便是督促人能够尽其所能而为之，不能不在乎结果，不能不在乎名利，但不能过分追求这些东西，否则你会由此失去生活中的许多乐趣——就是如何能够做到既奋斗又不过分追求名利，如何把握这个“度”实在是难矣。

有这样一则寓言，说从前，有位樵夫生性愚钝，有一天他上山砍柴，不经意地看见一只从未见过的动物。于是，他上前问：“你到底是谁？”

那动物开口说：“我叫‘聪明’。”

樵夫心想：我现在就是很愚钝，缺少“聪明”啊！把他捉回去算了！

这时，“聪明”突然说：“你现在想捉我是吗？”

樵夫吓了一跳：我心里想的事它他怎么知道！那么，我不妨装出一副不在意的模样，趁他不注意时赶紧捉住它。

结果，“聪明”又对他说：“你现在又想假装成不在意的模样来骗我，等我不注意时把我捉住带回去，是吗？”樵夫的心事被“聪明”看穿了，所以就很生气，心想真是可恶！为什么它都能知道我在想什么呢？

谁知，这种想法马上又被“聪明”知道了。他又开口道：“你因为没有捉住我而生气吧！”

于是，樵夫开始从内心检讨：我心中所想的事好像反映在镜子里一样，完全被它看穿。我应该把它放弃，专心砍柴。还是顺其自然的好，干吗生气徒增烦恼呢？

樵夫想到这里，就挥起斧头，用心地砍柴。一不小心，斧头掉下来，却意外地压在“聪明”上面，“聪明”立刻被樵夫捉住了。

生命是一种缘，是一种必然与偶然互为表里的机缘。有时候命运偏偏喜欢与人作对，你越是挖空心思想去追逐一种东西，它越是想方设法不让你如愿以偿。这时候，痴愚的人往往不能自拔，好像脑子里缠了一团毛线，越想越乱，他们陷在了自己挖的陷阱里。而明智的人明白知足常乐的道理，他们会顺其自然，不去强求不属于他的东西。顺其自然，不是自视清高或阿Q精神胜利法；顺其自然，不是在生活的海边临渊羡鱼，不是在命运的森林里守株待兔，而是洞悉人生、承受一切命运际遇的大智慧；顺其自然，是对生命的善待与珍爱，是对人生的喝彩和礼赞。

据说迪斯尼乐园建成时，总经理迈克尔先生为园中道路的布局大伤脑筋，所有征集来的设计方案都不尽如人意。迈克尔先生无计可施，一气之下，他命人把空地都植上草坪后就开始营业了。几个星期过后，当迈克尔先生出国考察回来时，看到园中几条蜿蜒曲折的小径和所有游乐景点有机地结合在一起时，不觉大喜过望。他忙喊来负责此项工作的戈尼，询问这个设计方案是出自哪位建筑大师的手笔。戈尼听后哈哈笑道："哪来的大师呀，这些小径都是被游人踩出来的！"

生命中的许多东西是不可以强求的，那些刻意强求的某些东西或许我们终生都得不到，而我们不曾期待的灿烂往往会在我们的淡泊从容中不期而至。我们常想悟出真理，却反而因了这种执着而迷惑、困扰。只要恢复直率之心，彻底地顺从自然，道理就随手可得。

第六章　成大事者做事讲求效率

无论做什么事，效率至关重要。做每一件事，不在于你做了多长时间，花费了多少精力，而在于效率，在于做事的最终效果。

61 效率意味着你要有决心

任何一种坚定的决心，都应该是从你对人生的不满开始。因为一旦你对人生没有目标，你也就不会采取任何行动。不采取行动，自然什么事也不会发生，即使吃饭这么一个简单的动作，同样也需要行动的意志。所以，可别终日无所事事，对要做的事总下不了决心而白活了一生。

由于有了渴望的动力，你会达到某些期望中的目的。渴望的力量与决心会鼓励你运用意志采取行动，像一头向前冲的公牛。

在成功的双元性质里面，有着妥协与奋斗两种力量。汩汩不停的河流最能具体地表现出这种特性，它与地理形势妥协，一路上涓涓不息地向前奔流，努力地达到它与大海汇合的终极目的。这两种特性永远相辅相成，取得平衡。

河流无时无刻不在流动，当它迫不及待地向前冲刺时，还需倾全力摧毁挡路的岩石，于是河流自己排定了下功夫的先后次序。奔流入海是它的首要目标，搬岩移石则是第二个目的，在它达到首要的目标前，也绝不忽略次要的目的。

当一个人竭尽全力谋求成就时，除了务必常保持勤奋外，更重要的同时也要具备适合自己脚步的节奏和韵律。

“决心”是引导人们走向成功的重要因素。有了明确的目标、周密的计划以后，就坐在家里等着成功从天而降，那是做白日梦。你要自己参与全程行动，并且在遇到挫折时要进一步加强自己的意志力，坚守既定目标，绝不能半途而废，这样即使最后并没有达到目标，但在人生的路上也算是一种成功。

如果你担心经常会因忘记自己所确定的目标而偷懒的话，那就把它贴在你时常会看见的地方吧！没必要贴得到处都是，只要能起到警醒的作用就够了。它们能帮你时刻牢记自己应该做什么。

就像一支军队，在出去打仗之前会大声高呼以鼓舞士气。如果有时你觉得意志力有点薄弱，精神不太集中的话，不妨用坚定的语调为自己加油打气。

当你犹豫不决的时候，不妨破釜沉舟背水一战。

也就是因为你没有给自己留太多的后路，所以你必须百分之百全力以赴。如果你的意志力并不是十分坚定的话，也不妨考虑试试用这种方法考验自己。

也可以借助别人的力量来鞭策自己要坚守决心。

比如说一生性懒散的人，当他想要成就一番事业，可是却不相信自己有决心做到时，他可以强迫自己去和一些勤奋向上的人进行切磋，借他们的精神来逼迫自己改掉懒散的缺点。

除了要有决心毅力以外，还必须有主见。人们都清楚“人云亦云”的力量，经常会听到别人说：“那么卖劲做什么？又不会多发一点工资！”初听也无所谓，听多了就会觉得此话也蛮有道理的，工作在不知不觉中就放慢了脚步，工作效率也就降低了。其实说这种话的人，本身工作效率肯定不高，否则怎么会有时间去管别人的闲事呢？况且在工作中所学到的知识与经验，就成了你个人的智慧财产，并不能靠金钱来衡量。如果今天的努力可以达到明天的成功，这不是最有效率的结果吗？

62 高效率意味着好心情

人们在处理工作时，经常觉得既然开始做了，就要“贯彻始终”，否则就不够善始善终。其实这是要依情况而定的。如果你一直对这件事情很有兴趣，自然不会半途而废，不过如果你一开始做时就觉得心烦气躁，那你就应该考虑换另一件“重要且该做”的事做，通过调节心情来调整进度。

有一个美国朋友，看书的时候从来不固定在同一个地方，有时在书房，有时阳光比较好就在日光浴室或是在后院的凉棚架下、附近的公园里，甚至开车到海边咖啡馆去读书。但他绝不在学校餐厅或图书馆读书，因为他不喜欢那种气氛。他这样说：“餐厅里人多又吵，还会经常碰到朋友。图书馆给我的感觉是睡觉的地方，太安静了，我一进去就开始神志不清，怎么能专心读书?”

由此可见，好心情可以带来高效率。那么就去尝试找寻自己的好心情。

试着把你所要做的事列在一张表上，当你一件事做不下去时，可以从表上找出下一件要做的事，先去做它，完成之后再回去做原先的事情。如果你觉得没有一件事可以静下心去做的话，你大概需要放个假调整一下了。

再就把四周的工作环境重新布置一下，增加一点新鲜感，就会有搬新家的心情。或者也可以把平日一成不变的工作时刻表改动一下。比如，把午餐时间推迟一小时，这样就可以不必和大家挤破头地抢饭吃；而且这一个小时也是办公室最安静的时候，没有电话也没有客户等你谈话，可以安安静静地做自己想做的工作。

如果一项工作已不能引起你的兴趣，但你又必须在有限的时间内完成它，这时候，你必须先让烦躁的心情平静下来，想想工作完成后的好处，你所要达到的真正的目标是什么，并想象目标达成时的喜悦，然后你再重新正视问题，开始工作（这点很重要，你不能一直带着一脸的傻笑不做事），用平和的心情做完它。慢慢地你会发现，其实工作情绪不是那么难控制的。

很多人忙忙碌碌地过了一辈子，却从来都不曾从工作中获得乐趣。他们总认为是为了赚钱才不得不捧着这个饭碗。更有人甚至按照四季变迁换工作，他们不清楚自己到底要得到的是什么。

要保持高效率的工作水准，最重要的一点就是学会怎样在工作中寻找乐趣。首先，你必须要找到适合你自己个性及兴趣的工作来做。就像让一个不爱讲话的人去做老师或推销员，可能会害他咬破舌头；而让一个脑筋灵活的人去做千篇一律、一成不变的录入员，用不了3个月他就要“发狂”了！

找到适合自己的工作后，接着就要思考：自己人生的大目标是什么，为什么要做这份工作，自己想从中获得的又是什么。寻找工作的意义，也就是寻找一种生活的信念，升级到信念的高度就会给自己一种崇敬工作的心情。

再好听的歌，唱上一百遍也会有点烦，更何况是每天要面对的八小时工作，那么就尝试着提高自己的士气。

努力在办公室里建立良好的人际关系，免得大家在一起工作时“相看两相厌”，影响工作的兴趣及效率。

试着看看能否在工作当中找到一些能引起自己（或别人）发笑的事物。凡事不要太严肃，要尽力保持乐观开朗的心情。有时讲讲笑话也是很不错的办法，但不能太贪心，凡事适可而止。

有了好心情效率也就上去了。有些人很清楚自己想要的是什么，例如，有人是为了想改善经济状况而工作的，因此“赚钱”对他而言是最重要的事；有人是为了累积经验而选择这份工作，因而“学习”才是他的主要目标。

63 效率中的自信原则

缺乏自信常常是性格软弱和事业不能成功的主要原因。没有自信的人会经常陷在自我否定的圈子里，认为这事自己干不了，那件事自己不可能做得更好等，影响了效率。

人们做事如果对自己没有信心，做起事来就成了应付，结果也不会令人满意。但一旦充满信心去做事时，情绪高涨，把困难视为一种挑战，工作起来效率就非常高，结果不但让别人满意，自己也会更加充满自信，那么，再做其他事时，也会是高效率的。

信心的力量很惊人，它能改变恶劣的现状，造成令人难以相信的圆满结局。

比较倾向于以自我为中心的人，在别人面前反而是动作频出，因此，缺乏自信的人容易将别人看错。持有自我中心意识的人，因为在行动上违背了自己的本意，所以产生了心理上的紧张；然而，丧失自信的人却不能看穿对方的紧张。

固执的人有时在众人面前却非常地温和。在众人所公认的“温和派”当中，有些确实是自我意识很强、情绪激烈，且又固执的人。

如果你正在为丧失自己而烦恼，那么请你记住：自己所深以为敌的，很可能是自己的伙伴；而你一直觉得处处在保护自己的人，很可能是压抑你的人。此外，你可能发现，在你心目中是自私任性的人，其实可能是感情丰富的；而你觉得热情的人，也许是冷酷无情的。这一切说明，你正为丧失自信而烦恼，然而拥有健全人际关系的人，很少会为丧失自信而烦恼。

缺乏自信的人总是为了讨人喜欢而要求自己必须更好、更优秀才行。他们甚至主观地认为：实现这些要求是自己生存所不可缺少的。殊不知那不过是主观上的需要罢了。在客观的情形下，大可不必如此，别忘了：越是处在扭曲的关系之中，就越不容易自拔。

拥有自信的人可以不费半点力气，也能很自然地看清他人的真面目。可那些真正必须看清别人真面目的人，也就是丧失自信的人，却往往看不透别人，甚至连自己的真面目也看不清。

缺乏自信的人，无论在什么人面前，都不能在心理上以安定、对等的立场和对方说话。

自信，并不会因为你想拥有自信的意志和愿望，你就能够拥有自信，就像有时候你有想睡的意志和意愿，却翻来覆去睡不着，道理是一样的。

星星之火可以燎原，信心就好比星星之火，而信心激发的潜能所创造的效率则犹如燎原之势。

当一个人没有信心，就什么样的行动都做不出来，从而不想改变自己的生活环境，也不想去帮助其他的人。既然你已拥有控制自己思想、感受和行为的能力，为什么不拿出积极的行动来呢？以往不明白信心对人的影响，因而形成了今天的你，然而此刻是你头一次可以掌握住信心，为什么不尝试改变自己的无力感？借着你学到的道理和技巧，只要能好好练习，你就必能成为一个高效率的人。

64 让生命更有价值

人的生命是有限的，低效率意味生命还有许多价值尚待挖掘。试着提高你的效率，让生命更有价值。

可能是因为曾经失败过，因而对于未来也不敢希望会有成功的一天。出于这种对失败的恐惧，长久下来一些人便开始变得“务实”。有的人经常把“务实一点”这句话挂在嘴边，事实上他们乃是害怕，唯恐再一次遭到失败的打击。长久以来内心的恐惧成为一种根深蒂固的信念，当遇到事时便踌躇不前，即使做了也不会尽全力，毫无效率可言，不用说结果必然也不会有多大的成就。

好的工作者很少是“务实”的，他们非常聪明，遇事也拿得准，可是就一般人的标准来看就是绝对不务实。然而什么叫作务实呢？那就没有一个确切的标准了，就甲看来是件务实的事，可是换成了乙就全然不是那回事，毕竟是不是务实，那全得看是以什么样的标准而定。

如果你打算一生中做出一件伟大的事，那么你就低估自己的能力，就算事情并不容易做，但毕竟人类的能力远远大于所能想象的程度。事实上根据许多调查发现，悲观的人与乐观的人在学习一样新的技能时有很大的差异，前者只想做到合乎要求即可，而后者往往却想做到超过能力所及的地步，就是这种信念造成后者的成功。

为什么最终前者会失败而后者会成功呢？因为乐观的人心里根本就没有成功或失败的概念，即使有他们也刻意不去注意，也就不会产生像“我失败了”或“我不会成功”的念头。相反地，他们不断加强自己的信念、不断地发挥想象力，期望后面的每一步都走得更好，直至达到成功。

就是这种特质和不寻常的观点，让他们坚持不懈，以达到所期望的成就。成功之所以让那么多人向往，是因为他们在过去并未有足够的成功经验，可是对那些乐观的人来说，他们只有一个信念，就是“过去并不等于未来”。一切优秀的工作者，不论他们是在人生的哪个领域中取得杰出成就，都知道全心追求理想所能引发出的力量是无比的，哪怕他们丝毫不知道自己该怎么去做。如果你能有积极的信念，其所衍生的信心必然能使你完成各种事情，即使是别人认为不可能的。

自我满足是人生的死海。自我满足是一种以自我为中心的人生态度，终将妨碍人们提高效率以发挥潜能。

当把思绪全放在自己身上时，自我满足便产生，这种思想会带来很多麻烦：影响情绪，减低工作效率，破坏美好的未来。在这种态度下，人们的交往会受到限制，长期的关系也难以维持，因为很少有人会愿意和凡事只想满足自我的人做朋友，更别提和他维持长久的情谊了。

乐观者在面对挫折时，多半会拟订行动方案，寻求他人帮助以便继续努力。悲观者遇到类似困境，多会试着忘掉一切，或认定事情已无挽回余地，放弃信心。而乐观者通常只有在真正无法挽救的情况下，才会出现这种态度。

高效率的人生，不要自我限制，也不要自我满足。从现在开始尝试着专心于你的事业，下定决心，克服自己的情绪，迈开步子向目标前进，努力保持着灵活的头脑和好心情，去享受高效率生活的成功与快乐吧！

65 谁慢谁就被吃掉

比尔·盖茨说：快速、加速、变速就是这个信息时代的显著特征。这种特征只有每个敢于奋起直追的人才能真正理解和把握。

在创业初期，比尔·盖茨他们设计开发的软件“8086”，似乎是超乎寻常的。比尔·盖茨安排一位软件开发工程师做新模拟程序的候选人。可是过了很长时间，他连手册还没有写出来。微软公司的雷恩和奥里尔只好根据英特尔工程师们写的说明书来搞他们的版本。英特尔的工程师们此时正在设计这个芯片。

这样，软件就走到了硬件的前头。

这样做似乎没有必要。但是在那一个阶段，微软公司内部有一种狂热的工作气氛，这种气氛推动着所有的员工拼命工作。在这后面有一个叫作比尔·盖茨的“魔鬼”，他不断地催促说：“快点！快点！”

那时比尔·盖茨心里十分清楚，微软公司这么干实际上是在做一次投机冒险。按以往的惯例是：搞项目总是等机器出来，然后各路英雄一路冲杀过去，谁做得好做得快，谁就会成功。

比尔·盖茨知道：在同一条起跑线上，很难说谁就一定得第一。微软公司这一次的方法是抢跑。新的计算机做不出来，就算微软公司白干了一场。但是，新型计算机做出来了，那谁也别和微软公司争了，微软公司一定是第一。

微软公司的这个决策得到了回报，它又一次挣到了钱。

在阿尔伯克基的一切工作都做完后，微软公司将做一次战略转移。为了永远记住在阿尔伯克基的日日夜夜，微软公司的各位英豪决定在 1978 年 11 月 7 日这天照一张集体相。

就在这个月，微软公司完成了全年 100 万美元销售额。精确地说，是 135 万多美元。他们带着这个成绩，向着大西北绿草如茵的地方进发了。

在途中，比尔·盖茨访问了硅谷的计算机制造商。在一条路上，他得到了警察开具的三张超速行驶的罚单，其中两张是同一天被同一个警察处罚的。他来来去去都开得太快了。

他用的是微软的速度。可惜的是，警察并不理解这种速度的含义和这位司机的真实思想。

这是一个速度快得让人目不暇接的时代，只有跟得上速度的人，立志于走在时间前面的人才能取得成功。比尔·盖茨的创业成功就证实了这一点。

在日常生活中，你要学会和自己比赛，始终走在时间的前面，尽可能地超出自己平常的成绩。

首先要养成快速的节奏感，克服做事缓慢的习惯，调整你的步伐和行动，这不仅可提高效率，节约时间，给人以良好的作风印象，而且也是健康的表现。

由于科学技术的社会化，人与人在质量、能力（智商）上的差别越来越小。因此，人发出的能量就取决于其速度。

谁慢谁就会被吃掉。比如：搏击以快打慢，军事先下手为强，商战已从“大鱼吃小鱼”变为“快鱼吃慢鱼”。

比尔·盖茨认为：竞争的实质，就是在最短的时间内做最好的东西。人生最大的成功，就是在最短的时间内达成最多的目标。质量是“常量”，经过努力都可以做好以至于难分伯仲；而时间，永远是“变量”，一流的质量可以有很多，而最快的冠军只有一个。任何领先，都是时间的领先！

我们慢，不是因为我们不快，而是因为对手更快。

下面的这个《羚羊与狮子》的故事，充分说明了这一点。

在非洲的大草原上，一天早晨，曙光刚刚划破夜空，一只羚羊从睡梦中猛然惊醒。

“赶快跑！”它想到，“如果慢了，就可能被狮子吃掉！”

于是，起身就跑，向着太阳飞奔而去。

就在羚羊醒来的同时，一只狮子也惊醒了。

“赶快跑，”狮子想到，“如果慢了，就可能会被饿死！”

于是，起身就跑，也向着太阳奔去。

将时间管理当成比赛会让你受益无穷。

1. 能让平淡无味的工作变得有趣、生动。即便是最有刺激性的工作中也免不了有乏味的事。

2. 和自己比赛可以激发心理学上的“满溢状态”的行为。这是一种内在的变化，时间似乎很少，但你的成果却很多。

3. 提高你的工作质量。对于实现你自己的目标应该像优秀的跨栏选手一样，速度更快、更好，还要求不把栅栏碰倒。

66 拣最重要的事先做

每天有许许多多的事情等着我们去做，如果我们不分主次地进行工作，那么到头来我们不仅“丢了西瓜”，很有可能我们连“芝麻”也没有捡到，使一些本来可以“生出效益的时间”白白地浪费掉。

聪明的人，知道如何提高自己做事的效率。

但很多时候，人们总是被习惯束缚着自己的手脚，在处理问题时总是根据事情的紧迫感，而不是事情的优先程度来安排先后顺序，这样的做法是被动而非主动的，成功人士不可能这样工作。

时间管理的精髓即在于：有主次之分，设定优先顺序。即把要做的事情分成等级和类别，先做最重要的事，再做次要的事。优先保证最重要的事的时间，就能优先保证做好最重要的工作，从而能够从大局上控制时间的价值。

比尔·盖茨认为：那些高效率的人，不管做什么事情时，首先都用分清主次的办法来统筹做事。

如何分清主次、大幅度提高自己的做事效率，比尔·盖茨归纳了三个判断标准：

首先明白我们必须做什么。

这有两层意思：是否必须做，是否必须由我做。非做不可，但并非一定要你亲自做的事情，可以委派别人去做，自己只负责督促。

其次应该明白什么能给我最高的回报。

应该用80%的精力做能带来最高回报的事情，而用20%的精力做其他事情。(巴莱托定律)

所谓“最高回报”的事情，即是符合“目标要求”或自己会比别人干得更高效的事情。

最高回报的地方，也就是最有生产力的地方。这要求我们必须辩证地看待“勤奋”。“业精于勤，荒于嬉”。勤，在不同的时代有其不同的内容和要求。过去人们将“三更灯火五更鸡”的孜孜不倦视为勤奋的标准，但在快节奏高效率的信息时代，勤奋需要新的定义了。勤要勤在点子上（最有生产力的地方），这就是当今时代“勤”的特点。

前些年，日本大多数企业家还把下班后加班加点的人视为最好的员工，如今却不一定了。他们认为一个员工靠加班加点来完成工作，说明他很可能不具备在规定时间内完成任务的能力，工作效率低下。社会只承认有效劳动。

再其次应该清楚什么能给我们带来最大的满足感。

最高回报的事情，并非都能给自己最大的满足感，均衡才有和谐满足。因此，无论你地位高低，总需要分配时间于令人满足和快乐的事情上，唯如此，工作才是有趣的，并易保持工作的热情。通过以上“三层过滤”，事情的轻重缓急就很清楚了，然后，以重要性优先排序（注意，人们总有不按重要性顺序办事的倾向），并坚持按这个原则去做，你将会发现，再没有其他办法比按重要性办事更能有效利用时间了。

比尔·盖茨曾经向效率专家艾维请教“如何更好地执行计划”的方法。

艾维声称可以在 10 分钟内就给比尔·盖茨一样东西，这东西能把他公司的业绩提高 50%，然后他递给比尔·盖茨一张空白纸，说：“请在这张纸上写下你明天要做的 6 件最重要的事。”

比尔·盖茨用了 5 分钟写完。

艾维接着说：“现在用数字标明每件事情对于你和你的公司的重要性次序。”这又花了 5 分钟。

艾维说：“好了，把这张纸放进口袋，明天早上第一件事是把纸条拿出来，做第一项最重要的。不要看其他的，只是第一项。着手办第一件事，直至完成为止。然后用同样的方法对待第 2 项、第 3 项……直到你下班为止。如果只做完第一件事，那不要紧，你总是在做最重要的事情。”

艾维最后说：“每一天都要这样做——您刚才看见了，只用 10 分钟时间，你对这种方法的价值深信不疑之后，叫你公司的人也这样干。这个试验你爱做多久就做多久，然后给我寄支票来，你认为值多少就给我多少。”

分清事情的轻重缓急，优先做好最重要的事，这是效率专家艾维教给比尔·盖茨的妙法。因为这个妙法，艾维得到了 2.5 万美元的酬劳和随支票一道附来的短语：“我平生所学，从未感到如此大的收益。”

当然，除了要强调优先重要，还要强调长远重要。这是“第四代时间管理学”超越前三代的突破性理念，也是“第四代时间管理学”的核心精髓。强调长远重要，即强调做“不急迫却重要而长久的事”。

在人们的日常生活中会遇到很多这样或那样的事情，虽然有些都不是眼前最急迫的事情，但是对于长远、大局来说却有着重大的意义。比如锻炼身体，锻不锻炼眼前看不出多大差别，但是对于长远来说却极为重要，有极深远的效益。有些人不舍得在这类事上花费时间，实在很不明智，与长远计算的总账相比很不划算。

在效率的管理上，要兼顾长远性与急迫性，要高度重视对眼前虽不紧急但有深远影响的事务的处理。这一法则，把效率管理上升到了战略高度。

最后，要成为效率管理高手，不仅要掌握这样那样的效率管理的法则、技巧，还需要苦练治心治情的功夫。效率管理与情绪治理是彼此制约、相辅相成、同步发展的关系。

67 拖延是效率的大敌

美国历史上著名的总统林肯，小时候生长在偏远的乡村丛林边，他居住在一所地处旷野的简陋的小木屋，无窗无门，远离学校、教堂、铁路，那里没有报纸、图书，甚至连日常生活的必需用品都很匮乏，更谈不上生活中的种种享受了。每天他必须步行几个小时到“邻近”的另一处简陋的学校里去念书；他必须在荒野中跋涉几十里才能借到一些他想看的书，然后，不顾一天的艰苦劳累，借着木柴的火光阅读。然而，林肯从不消极地等待机会，就是在这种严酷的生活环境中，造就了美国最伟大的总统。

很多时候，消极等待，是对生命的一种浪费。

拖延，是成功的最大杀手。

很多人都有拖延的习惯。清晨，闹钟把你从睡梦中惊醒，想着自己所订的计划，同时却感受着被窝里的温暖。一边不断地对自己说该起床了，一边又不断地给自己寻找借口——再等一会儿。于是，在忐忑不安的挣扎之中，又躺了 5 分钟，甚至 10 分钟。

拖延是一种习惯。我曾经把一天的时间记录了一下，惊讶地发现，“拖延”耗掉了我们一天四分之一的时间，甚至更多。

很多情况下，拖延是因为人的惰性在作怪，每当自己要付出劳动或要做出抉择时，每当自己对某项工作产生畏难情绪，想逃避某项我们不愿意去面对的事情时，我们总会为自己找出一些借口、理由，总想让自己轻松些、舒服些。有的人能在瞬间果断地战胜惰性，积极主动地面对挑战；而有的人却深陷于“挣扎”的泥潭，自己被主动性和惰性拉来拉去，不知所措，无法定夺……时间就这样被一分一秒地浪费了。

其实拖延就是纵容惰性，也就是给了惰性机会，如果形成习惯，它会很容易消磨人的意志，使你对自己越来越失去信心，怀疑自己的毅力，怀疑自己的目标，怀疑自己的能力，甚至会使自己的性格变得犹豫不决，养成一种办事拖拉的工作作风。

千万不要给别人拖延的印象，那样你会失去很多机会。没有一个人愿意与一个拖拖拉拉、犹豫不决、言行不一的人合作。如果让你的对手知道你有拖延的毛病，他会抓住一切有利的时机，毫不客气地击垮你。

我们要想尽一切办法不去拖延。最好的办法是逼迫法，也就是在知道自己要做一件事的同时，立即让自己动手，绝不给自己留一秒钟的思考余地，千万不能让自己拉开和惰性开战的架势。对付惰性最好的办法，就是根本不让惰性出现。在事情的开始，总是积极的想法先有，然后当头脑中一出现“我是不是可以……”这样的问题，惰性就出现了，“战争”也就开始了。一旦开战，结果就难说了。所以要能在积极的想法一出现就马上行动，那么惰性就没有乘虚而入的可能了。

爱默生教授说：“紧驱他的四轮车到星球上去的人，倒比在泥泞的道上追踪蜗牛行迹的人，更容易达到他的目标地。”

人一旦决定要做的事情，就应该坚持不懈地去努力，不应该随意改变目标。俗话说：有志者立长志，无志者常立志。

我们一直在等待机遇。但是，机遇不能消极等待，更不能拖延。如果你寄希望于等待，寄希望于运气，那么，你最初的热情和你已经花费的精力都将在消极等待中消磨殆尽。如果因为拖延，你将会失去眼前的机遇，最终则导致失败。

全身心投入到你的事业中去。假如它值得你去做，它也就值得你去研究。假如你不清楚某些具体情况，就多加观察，收集更多的资料，这也可以当作一种准备工作。它会给你一股力量去开始工作。你对自己的工作知道得越多，就越有兴趣。

大家或许知道，做事拖拉是一个毛病。如果你作为经理，你肯定不会喜欢做事拖拉的下属。然而，我们许多人自觉不自觉地形成了这样的习惯，染上了这样的毛病。或许我们每个人都有一种不良的习惯——拖延时间，这种现象我们不时遇见，以至于看见或者自我发生时都不以为意了。

然而，拖延时间却是一种极其有害的恶习。鲁迅先生说过：耽误他人的时间等于谋财害命。那么你呢？是否经常拖延时间？你也许已经讨厌这种毛病，并希望在生活中改变它，但是，你总是没有将自己的愿望付诸切实的行动。其实，有了这样的想法而没有实施，这又是一种拖拉。

造成拖延恶习的原因有很多，其中的主要原因是缺乏信心，缺乏责任感、安全感，害怕失败，或无法面对一些有威胁性、艰难的事。潜意识也是导致人们拖延的因素。他们知道该做些什么事情，但原因不明，就无法去做。有的时候是因为某些潜意识的恐惧，拖住了他们行动的脚步。

停止拖延的最好时机就是现在。那么，就让我们现在开始改变自己！

首先，你要有一颗快乐的心。你对自己所从事的工作的感觉，会大大地影响你做事的方式。你如果十分快乐地接受实施某件事，这件工作就会更好更顺利地完成，而且你的愉悦心情可以与别人一起分享。相反，如果你对工作感到生气和不满的话，这件工作就会变得冗长，你也更有可能犯下许多错误，而周围的人也会慢慢疏远你。

养成一种快乐、健康的态度，然后开始去做你所搁下的工作。你会发现以往的拖延是多么的不必要，你会发现你的生命充满了生机和活力，你会发现自己是那样轻易地感染别人。

学会了解你自己。假如你对自己做了什么都很了解的话，那么要改变自己的行为就容易多了。把你的情绪记录下来，找出哪一种情绪对你的帮助最大，正如找出你拖延的原因一样，假如你好好记录，并常拿来看的话，你会更加了解自己。这样可以增加你自身的力量，克服自己的缺点。

你越了解自己，也许会越害怕发现些什么。这种恐惧感也会导致你的拖延，除非你学会如何去克服它。

克服你心中的畏惧感。对于那些导致你拖延的因素，你必须敢于面对。假如你怕自己会犯某些错误，就把它写下来，然后写下你准备如何去解决这些头痛的问题。如此一来，你的恐惧就会消失得无影无踪，但你一定要训练自己做这些练习。

68 休息是提高效率的关键

比尔·盖茨说：一个懂得劳逸结合的人，才是快乐的人。

有句话说得好：有效的时间管理，就是一种追求改变和学习的过程。尤其一个善用休闲时间的人，工作起来会更有成效。

比尔·盖茨提醒我们说：世界上真不知有多少可以建功立业的人，只因为把难得的时间轻轻放过而默默无闻。

在我们的周围，经常有很多人说自己总是“很忙”“没有时间娱乐”或者是“已经好几年没有看电影”，这样抱怨的人犯了一个最大的毛病：太强调自己的重要性，认为自己是不可取代的。尤其是位置坐得愈高的人，这个毛病愈严重。在很多时候，不是他真的没时间，而是自己放不开。这种人总是口口声声说“等我有时间”“等我有空”……结果他一辈子都没等到时间，一辈子都没享受到生命。

比尔·盖茨认为，时间管理的第一个原则是：对每一件事都尊重，包括对休闲的尊重。心情是可以创造的，时间是可以掌握的，善于安排的人，永远不会喊“忙”，因为他知道自己要什么与不要什么。

国外有个叫尼勃逊的人，通过对百年来活跃于世界实业界的人士调查发现，这些人成功的关键在于，他们善于利用休闲时间去学习。

什么是休闲时间呢？休闲时间就是可以供人们自由支配的时间，也就是我们平常所说的业余时间，也有人称之为“八小时之外”。严格地说，真正的休闲时间应该排除用于家务、饮食等方面的时间，即完全可供个人自由支配的时间。自由，是休闲时间的一个特点。一般来说工作时间不能自由支配，工作时间的流向是基本确定的，具有一定的稳定性和限制性，例如，在工作时间里，务工的不能从医，从医的也不能务工。然而，休闲时间却截然不同，它没有强行规定人们的去向，自由度很大，基本上可以凭自己的兴趣加以选择。

在休闲时间中，人们为了满足自己的需要，可以去充分从事能够反映自我个性的有价值、有意义的活动。休闲时间的价值是很高的，它犹如编织知识网络的来回游动的梭子；对于发明创造来说，它是一种激发人的心理潜力的因素。

积极休息也是提高效率的关键。所谓“积极的休息”是因为这种休息有别于单纯的歇息，是为了保持工作效率而做的休息。既称为“积极的”，那这种休息必须在短时间内达到最大的效果。

大家都知道，长期在办公室工作的人，时时都有一种疲劳感，那是因为他们长时间保持同一姿势，使得血液循环不良，导致肌肉疲惫。所以，如果你一直保持着前屈姿势，那么在休息的时候，可以做一些反方向的动作，使原本受压迫部位的血液得以畅通，使用过度的肌肉得以舒展。这些动作实在很有效。

疲倦的感觉是生理自然反应出来的警告，提醒我们身体某部位超过负荷。如果置之不理，将增加身体的负担。所以，一旦出现了警告信息，让负担过重的部位恢复正常，才是明智之举。

为了调节自己的疲劳感，可以来一次短暂的休息，但时间不宜过长，一般设定为 3 分钟。把休息时间定为 3 分钟，虽然没有什么学理上的依据，但 3 分钟正好是很多事情最小的段落。电话一通、拳赛一回合等，都是以 3 分钟为一单位。因此，只要 3 分钟，就足够使疲惫的身体恢复原本的活力。如果超过 3 分钟，可能会因为中断太久，无法立即继续先前的工作。这样一来，休息反而降低了工作效率。至于这 3 分钟的使用方法，可就因人而异了。为了使疲惫的身心得到休息，你可以放下手边工作，听听音乐，或是欣赏自己喜爱的画家的作品。

当然，3 分钟不过只是大略估计而已。只要能达到效果，两分半钟或是两分钟也是可以的。自然也并不是每小时都得休息 3 分钟。只要觉得身心能保持最佳状况，一点儿也不疲劳的话，继续工作也未尝不可。如果硬性规定每工作 1 小时就得休息，说不定会打断正在进行的工作，不但无法提高工作效率，反而降低了效率。

必要的午休是缓解身体劳乏所不可缺少的，但有时也不可忽视工作进行的情形，如果只因为时间到了就休息，往往会打断正进入状态的工作。所以，如果手边工作进行得很顺利，就不妨在告一段落后再休息。

可以说提高效率的方式举不胜举，各种妙招、高招很多。

比如大脑与动作器官并用式。某个工人干钉木箱的活儿，他每敲一下钉子就背诵一个外语单词。一年过去了，他不但完成了工作任务，而且毫不费劲地记住了 5000 多个外语单词。

加州大学一项研究表明，一个人在3年的开车时间里收听节目，就可以获得相当于两年大学教育的训练。

再比如显意识与潜意识并用式。潜意识的活动往往觉察不到。在干某件事时，突然冒出其他的灵感，及时记录下来，是一举两得。在睡眠中同样可以学习，流行于欧美国家有名的“超级学习法”就是在睡觉时收听外语录音，效果很好。比尔·盖茨说：“对任何事情不要急着做决定，只要睡上一晚，就会涌出好的智慧。”很多名人都爱用这个办法。睡前自己给自己下达指令，睡醒后难题往往都能找到答案，这叫“一边睡觉一边成功”。

比尔·盖茨说：我之所以取得今天这样的成就，其实没有什么超人的本领，如果说有的话，只不过比别人更善于利用时间、管理时间。

科学地安排休闲时间的方式是多种多样的，也是因人、因地、因时而异的。

主要有以下几种方式：

1. 开发式，就是把休闲时间作为开发自己潜能、实现自我价值的时间；

2. 结合式，休闲时间与工作时间是相互反馈、相互影响的，结合式实际上就是把闲暇活动作为本职工作的延伸与扩展，专业知识的储备和补充；

3. 陶冶式，即在休闲时间里从事多种有益活动，以陶冶性情，增长学识；

4. 调剂式，即闲暇活动与工作互相调剂，比如脑力劳动者在休闲时间最好是干些体力活儿，室内工作者在休闲时间最好到室外去，工作是逻辑思维的人休闲时间应以形象思维为主。

调剂的另一层意思是做到紧松、忙闲、劳逸、张弛相结合。既不是只张不弛、张而忘弛，搞得很紧张，也不要弛而不张，弛而忘张，并力戒一味求闲，闲上加闲，提倡张弛结合，劳逸适度。

69 减少工作，提高效率

对我们来说，多数的时间压迫感都是自我的。将你的工作计划表检查一次，删除自己添加的不必要的事情。请你将最基本的问题自问一下：“这事我‘真的’一定要做吗?”

不要以自己超量工作了多少为荣。随时自问手边的工作是不是眼前最重要的，运用你的头脑做个聪明的计划，不要让自己以投入的工作时间为傲。不论处理家务或公事，尽你所能找到最好的协助者，并将工作与责任分流出去，以便提高工作的效率。

不时停下来，倾听内心的声音以发展创造的潜能。如果你能以自己为主，进行安静的反省，你把自己累垮的可能性就会少得多。驱策力与勤奋是必不可少的，但是更重要的是创造性与热忱。

不要把自己的时间安排得过分紧迫。大部分人都有一种倾向，想在某段有限的时间里达成超过能力的任务。安排一个计划，却不将执行中免不了的错误及必须耽搁的时间也算进去。这种情形屡见不鲜。比较有效率的对策是，你所定的最后期限应在工作本身预定完成时间之外还有30%的余额，作为人为的错误、延误及意外问题的处理时间。

事事揽下来，那样只会产生低效率。去选择那些对自己真正有关系的工作。每个人迟早都要学习接受人的先天极限。我们不可能让所有人都满意，也不可能让所有的人都认清自己能感到满意的休息与工作的循环周期。就如你有不同于他人的个性，你也有属于自己的休息与工作的循环周期。有些人早晨的精力最充沛，也有些人在午后傍晚时分，整个人的活动力与创造力进入最高潮。你可以将例行公事安排在精力平平的时候处理，一旦到了高潮时间，最好避免自己被电话或杂事打断。

采取减轻压力和若干的预防措施比等到你身心俱疲时再图补救，前者是更有效率的办法。

与时间建立友善的关系。开始让时间成为一种发挥创造力的工具，不要再视它为竞争的敌人。每当你定下合理的目标，并从容地完成它之后，你该给自己一些鼓励。如果你能找到别人没有想到的方法来减轻工作负荷，避免耗时的活动或删除不必要的步骤，你就可以得到更多额外的时间，从事有趣的活动了。

不要忘记失败是成功的一部分，有些人的紧张、焦虑是被失败的恐惧感逼出来的。

追求成就也仅是游戏之一，不必太认真。无论你多么有才能，多么勤奋上进，你还是不可能赢得每一次挑战。

以非常认真的态度将休闲时间安排在作息表上，就如同你要安排和一名重要客户的见面时间一样毫不马虎。我们常过于以工作问题为主，任何其他事情都因它而撇在一边。

70 训练心智，提高效率

每天你都必须训练自己的心智，不能让它一直处于休眠状态。假以时日，你就会培养出一种好习惯，并使你从拖延的陷阱中跳出来，而找到另一个充实而有价值的人生。这种心理训练要尽可能多做。下面是一些具体的训练方式：

1. 体验——把自己的思想集中于精神方面的体验。用点时间去闻闻花草，看看夕阳、日出，充分享受景物、声音、味道，体验这些感觉的乐趣。

2. 学习——每天让自己学点新鲜东西，以保持心智的新鲜成分。

3. 回想——想想过去所发生的事情，它们会对现在和将来具有一定指导意义。

4. 开始行动——做些需要有责任感和想象力的工作。

5. 完成——把一件工作，或生活中的某些事加以完成，尤其是那些你忽略过的东西。

6. 创造——给予这个世界一些东西，这些东西也许在你离开这个世界后仍能有用。

此外，你还可以自己设想很多练习方式，这些练习不仅能帮助你行动，而且能帮助你完成你以前所不可能完成的工作。

学会自我激励。你也许因为缺乏动力，或是感到灰心，觉得自己无用而拖延工作，假如确是如此，你就必须改造自己，并且克服你的弱点。

不妨自夸一点，那样会增加你的信心，并且增加你对工作的热度。你越是相信自己，你所能完成的工作就越多，做得也越好。

找个笔记本来，记录下这些积极的刺激方法。你可以把你想到的灵感，或别人给予你的认可和奖励都记上去。幽默感也有难以想象的治疗效果。所以一定要画上一些插图，还有些什么秘史之类的，任何能让你发笑的都可以。只要能让你保持精神振奋，并给你自信，就多用它来帮助你达到目标。

你也可以偶尔给自己所做的好事一个最高的评价，这样可以使你的自我感觉充分得到滋润。

改变某些习惯。在你不再拖延之前，你必须除掉一些习惯或改变一下你的行为方式。只要你开始去工作，就给自己一些奖励，即使稍后你气馁不干了，也没关系，这总比你为了气馁不干而惩罚自己要好多了。这样一直做下去，你会养成许多重要的好习惯。

你所有的习惯中，有一个是你必须马上革除的，那就是拖延的恶习。一种好的态度可以在你改变自己时给你冲劲，但同时你也要了解，你想完成的是什么。

分析你的行为。试着去分析你必须要做的每件事情，这点做起来很容易，而且往往也很有用。对于自己的行为，要仔细地研究。因为你越了解你的工作，你就越容易去完成它。如果你对你的行为一无所知，就会对它漠不关心，而漠不关心正是导致拖延的先头部队。如果你对自己的行为多加认识，你就可以克服这二者。

全身心投入到你的事业中去。假如它值得你去做，它也就值得你去研究。假如你不清楚某些具体情况，就多加观察，收集更多的资料，这也可以当作一种准备工作。它会给你一股力量去开始工作。你对自己的工作知道得越多，就越有兴趣。

71 不再拖延，提高效率

下面是心理咨询专家为拖延时间者开出的一系列处方，供你选用，相信会给你带来奇异的效果。那么，就从现在开始，不再拖延，赶紧列出自己的行动计划吧。

1. 不要把拖延看成是一种无所谓的耽搁。一个企业家可能因为没能及时作出关键性的决定而遭到失败。有时候，由于做妻子的懒得及时洗碗铺床，也会造成一桩婚姻的瓦解。延误了看病的时间，会给人的生命带来无可挽回的影响。拖拖拉拉这个坏习惯不是无伤大局的，它是个能使你的抱负落空、破坏你的幸福甚至夺去你生命的恶棍。

2. 找出使你倍感苦恼的、习惯拖延的一个具体方面，然后去克服它。突破拖拉作风对你生活某一个方面的束缚，一种得到解脱和成功的感觉将会帮助你在其他方面去战胜它。

3. 为自己规定一个期限。但你不要暗地里规定一个期限，这样很容易被人忽视。要让其他人都知道你的期限，并且期望你能如期完成。

4. 不要避重就轻。避重就轻是人的天性，但到头来只会导致问题铢积寸累，难上加难。

5. 不要因为追求十全十美而裹足不前。有些人对采取行动望而却步，因为他们害怕自己干得也许不那么完美无缺。

6. 让自己把握眼前的 5 分钟，并努力切实地生活。先不要考虑各种长期的计划，应争取充分利用眼前的 5 分钟做自己要做的事情，不要一再推迟可以给你带来愉快的那些活动。

7. 现在就去做你一直在推迟的事情，如写封信，实施你的写作计划。在采取实际行动之后，你会发现，拖延时间真的毫无必要，因为你很可能会喜欢自己一再拖延的这项工作。在实际工作中，你会逐步打消自己的各种顾虑。

8. 问问自己：“倘若我做了自己一直拖延至今的事情，最糟糕的结果会是什么呢？”结果往往是微不足道的，因而你完全可以积极地去做这件事。认真分析一下自己的畏惧心理，你会懂得维持这种心理毫无道理。

9. 给自己安排出固定的时间，如周一晚上10点至10点15分专门做曾被拖延的事情。你会发现只要在这15分钟内专心致志地工作，你往往可以做完许多拖延下来的事情。

10. 要珍爱自己，不要为将要做的事情忧心忡忡。不要因拖延时间而忧虑，要知道，珍爱自己的人是不会在精神上这样折磨自己的。

11. 认真审视你的现实，找出你目前回避的各种事情，并且从现在起逐步消除自己对真正生活的畏惧心理。拖延时间意味着在现实生活中为将来的事情而忧虑。如果你把将来的事情转变为现实，这种忧虑心理必然会消失。

12. 节食、戒烟、戒酒——从现在开始！你现在就可以放下这本书，马上做一个俯卧撑，以此开始自己的锻炼计划。你解决问题的方法就是——从现在开始！立即采取行动！妨碍你采取行动的完全是你自己，因为你以前不相信自己的力量，做出了一些错误选择。你看，这多么简单——只要去做就行了！

13. 以后当你觉得无聊的时候，积极利用自己的大脑。比如，在单调无聊的会议上主动提出一些问题扭转沉闷气氛，或者利用大脑做些有趣的事情，比如作首诗，要不就努力死记一大串数字，以增强自己的记忆力。下决心再不产生厌倦情绪。

14. 当别人对你评头品足时，问问他：“你以为我现在需要别人评论吗？”而当你意识到自己议论别人时，问问你身边的人，他是否愿意听你的评论；如果他愿意听，可以再问问他为什么。这样做会有助于你从一个评论家转变为实干家。

15. 认真审视一下自己的生活。假设你今生今世还有6个月的时间，你还会做自己目前所做的事情吗？如果不会的话，你最好尽快调节自己的生活，现在就去做你最紧迫、最需要做的事情。为什么？因为相对而言，你的时间是很有限的。在时间的长河中，30年和6个月是相差不多的。你的全部生命只不过是短暂的一瞬间，因而在任何方面拖延时间都毫无道理。

16. 鼓起勇气去干一两件你一直回避的事情：一个勇敢的行动可以消除各种恐惧心理。不要再迫使自己“干好”，因为“干”本身才是关键所在。

17. 晚上睡觉之前，努力排除一切疲劳的感觉。不要以疲劳或疾病为借口拖延任何事情。你会发现，当疲劳或疾病失去其意义时，也就是说当它们不能成为你推迟工作的理由时，导致拖延的因素会“奇迹般地”消失。

18. 不要再使用“希望”“但愿”“或许”等词，因为这些词会促使你拖延时间。每当你发觉自己的话里又出现这几个词时，就应该改变自己的话。例如，你应该：将“我希望事情会得到解决”改为“我要努力解决这件事”；将“但愿我心情会好一些”改为“我要做些事情，保持心情愉快”；将“或许问题不大”改为“我要保证没有问题”。

19. 每天都记录下你所发出的抱怨和议论。做这种记录可以达到两个目的：一方面，你可以意识到自己在生活中的评论行为，即你是怎样评论的，评论了多少次，评论的是什么人、什么事；另一方面，做这种记录是件令人头疼的事，这也会促使你平时不要再乱作评论和抱怨。

20. 如果你所拖延的事情涉及其他人（例如搬迁、夫妻生活或调换工作），你应该与这些人商量一下，听听他们的意见。要敢于摆出自己的各种顾虑，这样将有助于你认识到自己的拖延是否完全出于主观原因。在知心朋友的帮助下，你们可以共同分析问题、解决问题。不久，你就会完全驱散因拖延时间而产生的忧虑。

21. 与家庭成员制订一项协议，明确提出你想做而一直拖延的事情：一同打场球，出去吃顿饭。

你要是希望改变客观世界，就不要怨天尤人，而要做些实际工作。不要总是因拖延时间而忧心忡忡，并为此而陷入惰性，应该努力消除这一令人讨厌的误区，争取投身于现实生活！做实干家，而不是希望家、幻想家或评论家。

72 诊断现状，掌控时间

一个人之所以成功，时间管理是非常重要的因素。如果我们想要成功，就必须让我们的时间管理做得更好，要把时间管理好，最重要的就是做好以结果为导向的目标管理。

首先，你现在对于时间的心理概念是这样的：你要有把事情做好、时间管理好的强烈欲望，并决定达成做好时间管理的目标。时间管理是一种技巧，观念与行为有一段差距，必须经常地去演练，才能养成良好的习惯，不断坚持直到运用自如。

只有时间管理好，才能够达到自我理想，建立自我形象，进一步提升自我价值。每个人若能每天节省 2 小时，一周就至少能节省 10 小时，一年节省 500 小时，则生产力就能提高 25%以上。每一个人皆拥有一天 24 小时，而成功的人单位时间的生产力则明显地较一般人高。

你要明确，要成就一件事情，一定要以目标为导向，才会把事情做好，把握现在，专注在今天，每一分每一秒都要好好把握。想要做一个工作高手，有两个关键，第一就是工作表现，要有能力去完成工作，而非只强调其努力与否而已；第二是重视结果，凡事一定要以结果为导向，做出成果来。时间管理好，能让人更满足、更快乐、赚取更多的财富、自我价值亦更高。

现在来看一下你的时间是如何使用的。

记录自己的时间目的在于知道自己的时间是如何耗用的。为此，要记录时间的耗用情况。要掌握用精力最好的时间干最重要的事。精力最好的时间，因人而异。每个人都应该掌握自己的生活规律，把自己精力最充沛的时间集中起来，专心去处理最费精力、最重要的工作，否则，常常把最有效的时间切割成无用的或者低效率的零碎时间。试着找到无效的时间，首先应该确定哪些事根本不必做，哪些事做了也是白费工夫。凡发现这类事情，应立即停止这项工作；或者明确应该由别人干的工作，包括不必由你干，或别人干比你更合适的，则交给别人去干。其次还要检查自己是否有浪费别人时间的行为，如有，也应立即停止。消除浪费的时间，因为时间毕竟是个常数，人的精力总是有限的。

分析一下自己的时间都用到哪里去了，是时间管理的第一步。介绍一个例子，惠普公司总裁柏拉特（Lewis Platt）把自己的时间划分得很好。他花20%的时间和客户沟通，35%的时间在会议，10%的时间在电话上，5%的时间看公文。剩下来的时间，他花在一些和公司无直接关系，但间接对公司有利的活动上，例如业界共同开发技术的专案、总统召集的关于贸易协商的咨询委员会。当然，每天也留一些空当时间来处理发生的情况，例如接受新闻界的访问等。这是他与他的时间管理顾问仔细研究讨论后得出的最佳安排。

对照一下你是否有时间管理不良的征兆？看看你是否有以下这些问题：①你是否同时进行着许多个工作方案，但似乎无法全部完成？②你是否因顾虑其他的事而无法集中心力来做目前该做的事？③如果工作被中断你是否会特别震怒？④你是否每夜回家的时候累得精疲力竭却又觉得好像没做完什么事？⑤你是否觉得老是没有什么时间做运动或休闲，甚至只是随便玩玩也没空？

对这些问题，只要有两个回答是“是”的话，那你的时间管理就出了问题。

有效的个人时间管理必须对生活的目的加以确立。先去“面对”并“发现”自己生活的目标在何处，问问自己：“为什么而忙？”“到底想要实现什么？完成什么？”问自己这些问题也不是挺舒服的事，但对自己的生活颇有启发作用。接下来应要求自己“凡事务必求其完成”，未完成的工作，第二天又回到你的桌上，要你去修改、增订，因此工作就得再做一次。

你是否了解下面一些时间管理的原则呢？

1. 设定工作及生活目标，排好优先次序并照此执行。
2. 每天把要做的事列出一张清单。
3. 停下来想一下现在做什么事最能有效地利用时间，然后立即去做。
4. 不做无意义的事。
5. 做事力求完成。
6. 立即行动，不可等待、拖延。

73 像凸透镜一样专注

你大概玩过这样的游戏吧！

在夏天最炎热的某一天，把放大镜拿出放在报纸上，中间隔一小段距离。很快你就会发现，如果放大镜是移动的话，你永远也无法点燃报纸。但是，如果放大镜不动，你把焦点对准报纸，很快你就能利用太阳的威力，把报纸点燃。

这是昆虫学家法布尔教育一名青年时用的方法。

有一次，一个青年苦恼地对昆虫学家法布尔说："我不知疲劳地把自己的全部精力都花在我爱好的事业上，结果却收效甚微。"法布尔赞许说："看来你是一位献身科学的有志青年。"这位青年说："是啊！我爱科学，可我也爱文学，对音乐和美术我也感兴趣。我把时间全都用上了。"法布尔从口袋里掏出一块放大镜说："请把你的精力集中到一个焦点上试试，就像这块凸透镜一样。"

马休斯博士说过，那些同时有着很多目标、精力分散的人会很快地耗尽他们的精力，随着精力的耗尽，随之而来的就是原先雄心壮志的消磨。

欧文·伯克斯顿曾说过，如果一个人在生活中只追求一个目标——一个唯一的目标，那么在有生之年，他极有可能会实现自己的愿望；但是，如果他事事喜好，见异思迁，那就好像到处撒播种子，到头来只会一无所获，抱憾终生。

有一个热心肠的人，看到有人正要将一块木板钉在树上当搁板，便走过去管闲事，说要帮他一把。

他说："你应该先把木板头子锯掉再钉上去。"于是，他找来锯子才锯两三下又撒手了，说要把锯子磨快些。于是他又去找锉刀。接着又发现必须先在锉刀上安一个顺手的手柄。

于是，他又去灌木丛中寻找小树，可砍树又得先磨快斧头。磨快斧头需将磨石固定好，这又免不了要制作支撑磨石的木条。制作木条少不了木匠用的长凳，可这没有一套齐全的工具是不行的。于是，他到村里去找他所需要的工具，然而这一走，就再也不见他回来了。

那些对奋斗目标用心不专、左右摇摆的人，对琐碎的工作总是寻找遁词，懈怠逃避，他们注定是要失败的。

福威尔·伯克斯顿把自己的成功归因于勤奋和对某个目标持之以恒的毅力。在追求某个目标时，他从来都是全身心地投入。正是对自身奋斗目标的清楚认识和执着追求，造就了他最后的成功。正如人们所说的，持之以恒，锲而不舍，则百事可为；用心浮躁，浅尝辄止，则一事无成。

不知你是否注意到，针尖虽然几乎细不可见，剃刀或斧头的刀刃虽然薄如纸片，然而，正是它们在披荆斩棘中起着决定性的开路先锋的作用。如果没有针尖或刀刃，那么针或刀都无法发挥作用。在生活中，能够克服艰难险阻，最后顺利到达成就巅峰的人，也必是那些能够在某一领域学有所专、研有所精因而有着刀刃般锐利锋芒的人。

著名的物理学家和化学家居里夫人有着非凡的注意力。她小时候读书很专心，完全不知道周围发生的一切，即使别的孩子为了跟她开玩笑，故意发出各种使人不堪忍受的喧哗，都不能把她的注意力从书本上移开。有一次，她的几个姊妹恶作剧，用六把椅子在她身后造了一座不稳定的三脚架。她由于在认真看书，一点也没有发现头顶上的危险。突然，“木塔”轰然倒塌，引起周围的孩子们的哄笑。至于科学家牛顿把怀表当鸡蛋煮；黑格尔一次思考问题，在同一地方站了一天一夜；爱因斯坦看书入了迷，把一张价值一千五百美元的支票当书笺丢掉了等类轶事，都是这些伟大人物注意力高度集中，事业上成功的宝贵经验。

化学家告诉我们，如果把一英亩草地所具有的全部能量聚集在蒸汽机的活塞杆上，那么它所产生的动力足以推动世界上所有的磨粉机和蒸汽机。但是，因为这种能量是分散存在的，所以从科学的角度来说，它基本上毫无价值可言。这也说明，能量一旦聚焦于一点，将会产生多么大的动力。

伊格诺蒂乌斯·劳拉有一句名言：“一次做好一件事情的人比同时涉猎多个领域的人要好得多。”在太多的领域内都付出努力，我们就难免会分散精力，阻碍进步，最终一无所成。

从千百万个成功者身上，我们可以发现一个共同的事实，他们几乎都是从自己的兴趣、特长起步，果断进行自己的战略决策，明确自己的主攻目标，再“缩小包围圈”，向此目标步步逼近，最后终于一举成功。

74 重视你所拥有的今天

试想，从现在开始，每天给你1万元现金，任凭花用，但其中的规定是“不可以用在贷款或分期付款，而且在每天过完的时候，没用掉的部分会消失，无法存起来”。面对这样的情况，你会如何使用这笔钱呢？

乍听之下，仿佛相当过瘾！每天有1万元，嗯，好多东西可以买，也可以去吃各种大餐，或到处去玩。问题是生活中有多少东西会需要再三地汰旧换新；有多少吃的地方可以让我们不断地换口味，就算重复去吃也吃不腻？还有玩的地方是否也能一再重游，仍不失其吸引力？

这个比喻，不就是我们每天所使用的17个小时吗（若说睡眠平均是7个钟头的话）？这1万元不就是我们眼睛一睁开所面对的一天吗？这一天会被我们用在上班，或在家带孩子，其中包括吃饭、坐车。仔细一瞧，在办公室中我们每天见到的同事都是同样的那些人，客户也差不多，就是同样那几个类型，而且即便是发生了状况，连状况也大概只有几种！只要在某种环境待了一阵子，日子多趋于规律而平常，唯有的差异是工作量的大小，至于个人需要的聪明才智，解决问题的方法，在每天的生活中也都差不多。

我们如何能在每天使用那1万元时，按照“心中有谱”的方式去花用呢？如果不是太肯定钱该花在哪儿，还可以让它留在口袋里，等我们想清楚再说，但时间却不等待。你是那种前一夜上床前，心中即对第二天的开始充满期待，早上一醒来就有一些已安排好了的事件、活动等着去做，还是无论身体状况如何，心境总是落寞，生活总是平淡而无趣，是很单调的“忙”而已？

所以，时间该如何管理？它不能存、不能留、不能零存整付，好像只能安排，于是时间管理好像变成一种诅咒，我们如何把它当作一种功课来做？如何变被动为主动？我们怎样才能在上天给我们的挑战中不认输？

请拿出我们“精打细算”的本性，正如在准备付钱的时候，我们心里很清楚自己会有什么样的获得，无论精神的或物质的，都按照原来的期待一一发生。

最重要的是要把握今天。一位良好的时间管理者应该认识到一点，今天是我们唯一能够运用的时间，一定要理性支配。过去已经是一去不回，明天只是未来之事。世界上一件事情的完成，都是由于某一个人或某些人认识到了：只有今天是行动的唯一时间，是那可以获得的成就。好好地利用吧。

最后，不要忘了时间也意味着休息。

有这样一首古爱尔兰歌谣：

运用时间去工作——这是成功的代价；
费点时间去思索——这是力量的泉源；
花点时间去游戏——这是青春永驻的秘密；
抽出时间来阅读——这是智慧的基础；
匀出时间来对人友好——这是通往快乐的大道；
要点时间来梦想——使你挟泰山以超北海；
找出时间去爱人和被爱——这是上苍的恩典；
寻找点时间放眼四顾——这是通往无私的捷径；
用些时间放声大笑——这是灵魂的音乐。

我们的工作与生活常汲汲于目标的实现，然而与实现目标同时并进的，是我们对生活松紧的正确调适。

设定目标、追求成功是一种习惯。放松自己、以退为进也是帮助我们成功的一条法则！

75 做个好的时间管理者

人们浪费时间的原因主要分成主观和客观两大类：

其中主观原因有缺乏明确的目标，拖延，缺乏优先顺序，想做的事情太多，做事有头无尾，缺乏条理和整洁，不懂授权，不会拒绝别人的请求，仓促决策，行动缓慢，懒惰和心态消极。客观原因有上级领导浪费时间（开会、电话、不懂授权），工作系统浪费时间（访客、官样文章、员工离职等），生活条件浪费时间（通讯、环境、交通、朋友闲聊、家住郊区等）。

1. 每天清晨把一天要做的事都列出清单

如果你不是按照办事顺序去做事情的话，那么你的时间管理也不会是有效率的。在每一天的早上或是前一天晚上，把一天要做的事情列一个清单出来。这个清单包括公务和私事两类内容，把它们记录在纸上、工作簿上、你的 PDA 或是其他什么上面。在一天的工作过程中，要经常地进行查阅。

2. 把接下来要完成的工作也同样记录在你的清单上

在完成了开始计划的工作后，把接下来要做的事情记录在你的每日清单上面。如果你的清单上内容已经满了，或是某项工作可以转天来做，那么你可以把它算作明天或后天的工作计划。你想知道为什么有些人告诉你他们打算做一些事情但是没有完成的原因吗？这是因为他们没有把这些事情记录下来。

3. 对当天没有完成的工作进行重新安排

现在你有了一个每日的工作计划，而且也加进了当天要完成的新的工作任务。那么，对一天下来那些没完成的工作项目又将做何处置呢？你可以选择将它们顺延至第二天，添加到你明天的工作安排清单中来。但是，希望你不要成为一个办事拖拉的人，每天总会有干不完的事情，这样，每天的任务清单都会比前一天有所膨胀。如果的确事情重要，没问题，转天做完它。如果没有那么重要，你可以和与这件事有关的人讲清楚你没完成的原因。

4. 记住应赴的约会

使用你的记事清单来帮你记住应赴的约会，这包括与同事和朋友的约会。工作忙碌的人们失约的次数比准时赴约的次数还多。如果你不能清楚地记得每件事都做了没有，那么一定要把它记下来，并借助时间管理方法保证它的按时完成。如果你的确因为有事而不能赴约，可以提前打电话通知你的约会对象。

5. 把未来某一时间要完成的工作记录下来

你的记事清单不可能帮助提醒你去完成在未来某一时间要完成的工作。比如，你告诉你的同事，在两个月内你将和他一起去完成某项工作。这时你就需要有一个办法记住这件事，并在未来的某个时间提醒你。其实为了保险起见，你可以使用多个提醒方法，一旦一个没起作用，另一个还会提醒你。

6. 把做每件事所需要的文件材料放在一个固定的地方

随着时间的过去，你可能会完成很多工作任务，这就要注意保持每件事的有序和完整。一般把与某一件事有关的所有东西放在一起，这样当需要时查找起来非常方便。当彻底完成了一项工作时，把这些东西集体转移到另一个地方。

7. 清理你用不着的文件材料

把新用完的工作文件放在抽屉的最前端，当抽屉被装满的时候，清除在抽屉最后面的文件。换句话说，保持有一个抽屉的文件，总量不会超出这个范围。有的人会把所有的文件都保留着，这些没完没了的文件材料最后会成为无人问津的废纸，很多文件可能都不会再被人用到。我在这里所提到的文件材料并不包括你的工作手册或是必需的参考资料，而是那些用作积累的文件。

8. 定期备份并清理计算机

对保存在计算机里的文件的处理方法也和上面所说的差不多。也许，你保存在计算机里的 95%的文件打印稿可能还会在你的手里放三个月。定期地备份文件到光盘上，并马上删除机器中不再需要的文件。

第七章　成大事者宽容他人善待自己

宽容他人与善待自己都是人生的大智慧。宽容他人不是懦怯胆小，而是关怀体谅，是建立人与人之间关系的法宝，最终有益于你做事；而善待自己更是对自己的正确认识，给自己足够的成长空间。

76 宽容会打开爱的大门

宽容是人生的一种智慧，是建立良好人际关系的法宝。

曾读过这样一篇文章：一位画家在集市上卖画，不远处，前呼后拥地走来一位大臣的孩子，这位大臣在年轻时曾经把画家的父亲欺诈得心碎地死去。这孩子在画家的作品前流连忘返，并且选中了一幅，画家却匆匆地用一块布把它遮盖住，并声称这幅画不卖。

从此以后，这孩子因为心病而变得憔悴，最后，他父亲出面了，表示愿意付出一笔高价。可是，画家宁愿把这幅画挂在自己画室的墙上，也不愿意出售。他阴沉着脸坐在画前，自言自语地说："这就是我的报复。"

每天早晨，画家都要画一幅他信奉的神像，这是他表示信仰的唯一方式。

可是现在，他觉得这些神像与他以前画的神像日渐相异。

这使他苦恼不已，他不停地找原因。然而有一天，他惊恐地丢下手中的画，跳了起来：他刚画好的神像的眼睛，竟然是那大臣的眼睛，而嘴唇也是那么的酷似。

他把画撕碎，并且高喊："我的报复已经回报到我的头上来了！"

这个故事告诉我们，一个人若心存报复，自己所受的伤害会比对方更大。报复会把一个好端端的人驱向疯狂的边缘，报复还能把无罪推向有罪。现在有很多的刑事案件就是因报复而引起的。

经心理学专家研究证实，报复心理非常有碍健康，高血压、心脏病、胃溃疡等疾病就是长期积怨和过度紧张造成的。有一位好莱坞的女演员，失恋后，怨恨和报复心使她的面孔变得僵硬而多皱，她去找一位最有名的化妆师为她美容。这位化妆师深知她的心理状态，中肯地告诉她："你如果不消除心中的怨和恨，我敢说全世界任何美容师也无法美化你的容貌。"

哲人说，宽容和忍让的痛苦，能换来甜蜜的结果。这话千真万确。古时候有个叫陈嚣的人，与一个叫纪伯的人做邻居。有一天夜里，纪伯偷偷地把陈嚣家的篱笆拔起来，往后挪了挪。这事被陈嚣发现后，心想，你不就是想扩大点地盘吗，我满足你。他等纪伯走后，又把篱笆往后挪一丈。天亮后，纪伯发现自家的地又宽出了许多，知道是陈嚣在让他，他心中很惭愧，主动找上陈家，把多侵占的地统统还给了陈家。

《寓圃杂记》中记述了杨翥的两件小事。杨的邻人丢失了一只鸡，指骂被姓杨的偷去了。家人告知杨翥，杨说："又不只我一家姓杨，随他骂去。"又一邻居，每遇下雨天，便将自家院中的积水排放进杨翥家中，使杨家深受脏污潮湿之苦。家人告知杨翥，他却劝解家人："总是晴天干燥的时日多，落雨的日子少。"

久而久之，邻居们被杨翥的忍让所感动。后来，一伙贼人密谋欲抢杨家的财宝，邻人们得知后，主动组织起来帮杨家守夜防贼，使杨家免去了这场灾祸。

忍让和宽容说起来简单，可做起来并不容易。因为任何忍让和宽容都是要付出代价的，甚至是痛苦的代价。人的一生谁都会常常碰到个人的利益受到他人有意或无意的侵害。为了培养和锻炼良好的心理素质，你要勇于接受忍让和宽容的考验，即使感情无法控制时，也要管住自己的大脑，忍一忍，就能抵御急躁和鲁莽，控制冲动的行为。如果能像陈嚣、杨翥那样再寻找出一条平衡自己心理的理由，说服自己，那就能把忍让的痛苦化解，产生出宽容和大度来。

忍让和宽容不是懦怯胆小，而是关怀体谅。忍让和宽容是给予，是奉献，是人生的一种智慧，是建立人与人之间良好关系的法宝。

77 学会宽恕自己

由于工作的原因，我们常要和他人接触。经由密切的互动，大多数人都很亲切，很有爱心，也蛮宽大为怀的。如果你犯了错，而且真诚地要求他人宽恕时，绝大多数的人不仅会原谅你，他们也会把这事儿忘得一干二净，使你再次面对他们时一点愧疚感也没有。

可贵的是，我们这种亲切的态度对所有人都一样，没有什么人种、地域、民族的分别；但就只对一个人例外。谁？没错，就是我们自己。

也许你会怀疑："人类不都是自私的吗？怎么可能严以律己、宽以待人？"是的，人总是会很容易原谅自己，不过，这只是表面上的饶恕而已，如果不这么自我安慰的话，如何去面对他人？但在深层的思维里，一定会反复地自责："为什么我会那么笨？当时要是细心一点就好了。"或是"我真该死，这样的错怎能让它发生？"

如果你还不相信，请你再想想自己有没有犯过严重的错误，如果想得出来的话，那你一定还耿耿于怀，没真的忘了它。表面上你是原谅了自己，实际上你是将自责收进了潜意识中。

我们可以对他人这么宽大，难道就没有资格获得自己这种仁慈的对待吗？

没错，我们是犯了错。但除了上帝之外，谁能无过？犯了错只表示我们是人，不代表就该承受如下地狱般的折磨。我们唯一能做的只是正视这种错误的存在，在错误中学习，以确保未来不会发生同样的憾事。接下来就应该获得绝对的宽恕，再来就得把它给忘了，继续往前进。

人生之帆，不论顺风或逆风都要前进。宽恕自己，才能把犯错与自责的逆风，化为成功的推力。

要学会尊重自己，其中一个方法便是接受自己——不仅接受自己的优点，也接受自己的缺点。我们绝大部分人对自己都持有双重的看法，在他们的想象中，在两个不同的房间里挂着自己不同的肖像画。一个房间的画像全是用浓墨重彩画成，全部表现其优秀品质，没有任何阴影。另外一个房间里挂的是帆布画，画像稀奇古怪，就像达利安人所做的涂鸦之作，画面阴暗沉重，令人窒息。

我们不能将这两幅画像隔离起来，片面地看待自己，而是需要将其放到一起综合考察，最后合二为一。我们在踌躇满志时，往往不敢正视自己内心的愧疚、仇恨和羞辱；在垂头丧气时，却又不敢相信自己拥有的优点和取得的成就。

我们应该画出自己的新画像，更应该实事求是地接受自己、了解自己，我们所做的一切都不是十全十美的。很多人常常会过分严格地要求自己，凡事都希望完美无缺，妄想自己能像上帝一般完美无缺，这是不理智的想法。我们每个人都是一个综合体，在我们身上都有暴君、批评家和勇士的某些性格特征。有时候我们希望支配他人、算计别人，快意于别人的苦痛，但这些恶劣品性是能够也必须服从于人格中善的一面的。

有些人因为自己有时候具有消极的破坏性感情，就以为自己是邪恶的，于是一蹶不振，自暴自弃，这很让人惋惜。我们应该明白，少许的性格缺点并不能说明我们就是不受欢迎的人。恩莫德·巴尔克曾警告人类说，以少数几个不受欢迎的人为例来看待一个种族，这种以偏概全的做法是极其危险的。在今天，对人的个性采取以偏概全的做法，同样也是极其危险的，我们应该避免这种做法。我们对自己、对别人具有攻击性、怀有仇恨，这些感情是人性的一部分，但我们不必因此就厌恶自己，觉得自己就像社会的弃儿一般。意识到这一点，我们就能在精神上获得超脱和自由。

如果我们能坦然接受自己的这些缺点，我们就不必戴着面具去生活。我们就会真正成为自己本身！道德上的过于自负及苛刻的自我要求，都是内心世界的最大敌人。我们要学会适当地宽容自己，要知道我们不可能像天使那样纯洁无瑕，能认识到这一点，我们才能保持内心的平静。

在现实生活中，人会有各种各样的心境、冲动、品性、情感，我们应该为之高兴才是。史蒂文森曾经说过：“世界是如此的丰富多彩，我们就像国王般幸福快乐。”这句话虽然带着孩子般的天真烂漫，但如果采取前述的态度理解这句话，我们便可以充分领会到这句话的深刻内涵。

但要想形成这种面对生活的态度，是不大可能一蹴而就的。我们的进步是缓慢的、渐进的，有时甚至让人灰心丧气。纽约的一位精神病医生遇到一个病人，这个病人酒精中毒，已经为此治疗了两年。有一次，病人来看医生，要进行心理治疗。病人告诉医生说，前两天，他被解雇了。当心理治疗完毕后，病人说：

“大夫，如果这件事发生在一年前，我是承受不住的。我想自己本来可以做得更好，避免这类事情的发生，但却未能做到，为此我会去酗酒。说实话，昨天晚上我还这么想呢。但我现在明白了，事情既然已经发生了，就该正视它，坦然地接受它。失败就像成功一样，是人生中难得的经历，它是我们人生中不可避免的一部分。”

医生认为，病人对自己如此宽宏大度，这是一个显著的进步。正像医生所预测的那样，此后，在另外一个工作领域，这个前来求医的患者取得了令人瞩目的成就。如果人们能坦然接受生活的全部，那么不论是成功还是失败，都不可能使他为之所动。

如果我们对自己采取一种多元主义的态度，我们就会正确看待各种不良心境。沮丧、残酷、执拗，这些都只是暂时的现象，是人的多种情感之一。要求自己完美无缺，怀有这种想法的人往往极其脆弱，他们常常会因为对自己过分苛刻而感到绝望。作为多元主义者，我们有时候可以将自己想象得更好一些，有时候把自己想象得差一点也无妨，我们不再要求自己完美无缺。每个人的性格中都有引起失败的因素，也有导致成功的因素。我们应有自知之明，把这两个方面都看作是人性的固有成分，接受它们，进而努力发挥人性中的优点。

人的一生中犯的错误可多了，要是对每一件都深深地自责，一辈子都背着一大袋的罪恶感过活，你还能奢望自己走多远？

78 学会善待他人

人际关系的好坏与你能否善待别人有很大的关系。一个乐于助人、愿意帮助别人的人，人们都愿意与之交往做朋友，自己也能从中受益。

可是天底下的人们绝大多数只注意自己的需要，不会善待他人，不知道给予别人什么，只提及自己不同的需求。这是多么幼稚、荒唐。不错，你注意的当然是自身的需要，但除了你自己，可能再也没有人对你感兴趣了。

善待他人就是善待自己。在没有这种觉悟的人看来，这明明是帮别人，自己并没有从中受到什么恩惠。其实，一个人在帮助别人时，无形之中就已经投入了感情，别人对于你的帮助会永记在心，只要一有机会，他们会主动报答的，这是你所希望的最好的人际互动。

在一个寒冬的夜晚，一对中年夫妇带着个受伤的小孩子到一个小客店来投宿。在这天寒地冻的夜晚，找房是相当困难的。这间小旅店早就客满了。“这已是我们寻找的第十六家旅社了，这鬼天气，到处客满，我们怎么办呢？”这对中年夫妻望着店外阴冷的夜晚发愁地说。

店里的小职员看在眼里急在心里，怕他们被冻坏，便建议说：“如果你们不嫌弃的话，今晚就住在我的床铺上吧，我自己在店堂里打个地铺。”这对夫妻非常感激，第二天要照店价付客房费，小职员坚决拒绝了。临走时，中年夫妻开玩笑地说：“你将来必能成大器。”

“那是我追求的梦想。谢谢您。”他随口答应着，并坚持送他们一家三口走出很远。

三年后的一天，小职员的柜台上放着一封发自纽约的信函，信中夹有一张往返纽约的双程机票，信中邀请他去拜访当年那对睡他床铺的三口之家。小伙计来到繁华的大都市纽约，中年夫妻把小伙计引到第五大街和三十四街交会处，指着那儿的一幢摩天大楼说：“这是一座专门为你兴建的星级宾馆，现在我们正式邀请你来当总经理。”

年轻的小伙计因为一次友善的助人行为，实现了自己的梦想，这就是著名的奥斯多利亚大饭店经理乔治·波菲特和他的恩人威廉先生一家的真实故事。

能设身处地为他人着想，了解别人心里想些什么的人，永远不用担心未来。任何一种真诚而博大的爱，都会在现实中得到应有的回报。你铺就的良好人缘，将会给你以莫大的帮助。卡耐基曾在演讲中讲了这样一个动人的故事。

一个穷苦的小男孩，身着单薄的衣衫被冻得瑟瑟发抖，他为了攒学费不得不每天这样上街推销商品。劳累了一整天的他此时感到十分饥饿，但摸遍全身，却只有一角钱，怎么办呢？他决定向下一户人家讨口饭吃。当一位美丽的女孩打开房门的时候，这个小男孩却有点不知所措了，他没有要饭，只乞求给他一口水喝。这位女孩看到他很饥饿的样子，就拿了一大杯牛奶给他。之后，小男孩问这需要多少钱，小女孩则回答说，妈妈教育我要对人施以爱，不必付一分钱。小男孩十分感激地说："请接受我由衷的祝福吧！"说完男孩离开了这户人家。此时，他不仅感到自己浑身是劲，也感到自己将有美好的未来。他放弃了退学的念头，要把书继续念下去，一定要取得成绩。

转瞬间数年过去了，有一位美丽的女孩得了重病，她被转到大城市由专家们会诊治疗。

当年的那个小男孩如今已是大名鼎鼎的霍华德·凯利医生了，他也参与了医治方案的制定。当他从病历上看到那女孩的来历，若有所感，就又转身去了病房，凯利医生一眼就认出床上躺着的病人就是那位曾帮助过他的恩人。他回到自己的办公室，决心一定要竭尽所能来治好恩人的病。经过他严格而精心的治疗，这个女孩奇迹般地康复了。

凯利医生要求把医药费通知单送到他那里，在通知单的旁边，他签了字。当医药费通知单送到这位特殊的病人手中时，她不敢看，因为她确信，治病的费用将会花去她的全部家当。最后，她还是鼓起勇气，翻开了医药费通知单，旁边的那行小字引起了她的注意，她还轻声读了出来：

"医药费——一满杯牛奶。霍华德·凯利医生"她叫起来，"原来是他——数年前的小男孩。"

79 宽容不是软弱

宽容，对人对自己都可成为一种无需投资便能获得的“精神补品”。学会宽容不仅有益于身心健康，而且对赢得友谊，保持家庭和睦、婚姻美满，乃至事业的成功都是必要的。因此，在日常生活中，无论对子女、对配偶、对老人、对学生、对领导、对同事、对顾客、对病人……都要有一颗宽容的爱心。宽容，它往往折射出待人处世的经验，待人的艺术，良好的涵养。学会宽容，需要自己吸取多方面的“营养”，需要自己时常把视线集中在完善自身的精神结构和心理素质上。

当然，宽容决不是无原则的宽大无边，而是建立在自信、助人和有益于社会基础上的适度宽大，必须遵循法制和道德规范。对于绝大多数可以教育好的人，宜采取宽恕和约束相结合的方法；而对那些蛮横无理和屡教不改的人，则不应手软。从这一意义上说“大事讲原则，小事讲风格”，乃是应取的态度。

宽容别人，决不是软弱，决不是面对现实的无可奈何。在短暂的生命里程中，学会宽容，意味着你的人生更加快乐。

法国19世纪的文学大师维克多·雨果曾说过这样的一句话：“世界上最宽阔的是海洋，比海洋宽阔的是天空，比天空更宽阔的是人的胸怀。”雨果的话虽然浪漫，但很有现实意义。相传古代有位老禅师，一日晚在禅院里散步，看见墙角边有一张椅子，他一看便知有位出家人违犯寺规越墙出去溜达了。老禅师也不声张，走到墙边，移开椅子，就地而蹲。少顷，果真有一小和尚翻墙，黑暗中踩着老禅师的背脊跳进了院子。当他双脚着地时，才发觉刚才踏的不是椅子，而是自己的师父。小和尚顿时惊慌失措，张口结舌。但出乎小和尚意料的是师父并没有厉声责备他，只是以平静的语调说：“夜深天凉，快去多穿一件衣服。”

老禅师宽容了他的弟子。他知道，宽容是一种无声的教育。

有人说宽容是软弱的象征，其实不然，有软弱之嫌的宽容根本称不上真正的宽容。宽容是人生难得的佳境——一种需要操练、需要修行才能达到的境界。

宽容，首先包括对自己的宽容。只有对自己宽容的人，才有可能对别人也宽容。人的烦恼主要来源于自己，即所谓画地为牢、作茧自缚。电视剧《成长的烦恼》讲的都是烦恼之事，但是他们对儿女、邻居的宽容，最终都把烦恼化为了捧腹的笑声。

每个人都各有所长，各有所短。争强好胜容易失去做人的乐趣。只有承认自己某些方面不行，才能扬长避短，才能不因嫉妒之火吞灭心中的灵光。

宽容地对待自己，就是心平气和地工作、生活。这种心境是充实自己的良好状态。充实自己很重要，只有有准备的人，才能在机遇到来之时不留下失之交臂的遗憾。知雄守雌，淡泊人生是耐住寂寞的良方。轰轰烈烈固然是进取的写照，但成大器者，绝非热衷于功名利禄之辈。

三国时，诸葛亮初出茅庐，刘备称之为“如鱼得水”，而关、张兄弟却未然。在曹兵突然来犯时，兄弟俩便“鱼”呀“水”呀地对诸葛亮冷嘲热讽，诸葛亮胸怀全局，毫不在意，仍然重用他们。结果新野一战大获全胜，使关、张兄弟佩服得五体投地。如果诸葛亮当初跟他们一般见识，争论纠缠，势必造成将帅不和，人心分离，哪能有新野一战和以后更多的胜利呢？

唐朝谏议大夫魏徵，常常犯颜苦谏，屡逆龙鳞，可唐太宗以宽容为怀，把魏徵看作是照见自己得失的“镜子”，终于开创了史称“贞观之治”的太平盛世。

如果一语龃龉便遭打击，一事唐突便种下祸根，一个坏印象便一辈子倒霉，这就说不上宽容，就会被百姓称为“母鸡胸怀”。真正的宽容，应该是能容人之短，又能容人之长。宽容的过程也是“互补”的过程。别人有此过失，若能予以正视，并以适当的方法给予批评和帮助，便可避免大错。自己有了过失，亦不必灰心丧气，一蹶不振，同样也应该吸取教训，引以为戒，重新扬起工作和生活的风帆。

80 给对方留足面子

戴尔·卡耐基指出，每个人都会爱及自己的面子。可是我们不能只爱自己的面子，而不给他人面子。每个人都有一道最后的心理防线，一旦我们不给他人退路，不让他人走下台阶，他只好使出最后的一招——自卫。因此，当我们遇事待人时，应谨记一条原则：别让人下不了台阶。

卡耐基提供了一个学员安娜·马桑的例子，来说明顾及别人面子的重要性。

安娜小姐在一家食品包装公司当市场调查员，她第一份工作是为一项新产品做市场调查。她说道："当结果出来的时候，我可真惨了，由于计划工作的一系列错误，整个结果当然完全错误，整个测试必须重来。更糟的是，报告会议即将开始，我已经没有时间同老板谈及这件事了。

"当他们要求我做报告的时候，我怕得发抖。我尽量使自己不致哭出来，免得显得太情绪化，我简短地说明了一下情形，并表示要重新改正过来，以便在下次会议时提出。坐下后，我等待老板大发雷霆。

"出乎意料的，他先谢谢我的工作，并表示新计划难免都会有错。他相信下一次的调查一定会确定，会对公司有很大助益，他在众人面前肯定我，相信我已尽了力，并说我缺少的是经验，而非能力。

"我挺直胸膛离开会场，并下定决心不能再有让老板失望的情况发生。"

间接地指出别人的错误，要比直接说出来的温和，而且也不会引起别人的反感。

最受人尊敬的彼德牧师去世了，他的朋友艾鲍德牧师受邀于下个礼拜日在集会上做追悼演讲，他为了能最大限度地表示对彼德的怀念之情，所以他事前写了一篇演讲的稿子，准备到时应用。他一再修改、润色，才把那篇稿子完成，然后，读给他太太听。可是他太太听起来觉得这个演讲稿和普通的演讲稿没有什么两样，并没有把对彼德牧师的怀念之情表达出来，这篇演讲稿并不理想。如果他太太没有足够的修养和见解，一定会直接说出这篇稿子糟透了，绝对不能用，因为它听起来就像百科全书一样枯燥无味。试想一下，这样说，后果将会怎样呢？

艾鲍德太太深知给别人面子的益处，所以她对丈夫说，如果把那篇演讲稿拿到北美评论去发表，确实是一篇极好的文章。也就是说，她虽然赞美丈夫的杰作，同时却又向丈夫巧妙地进行暗示，他这篇演讲稿，并不适合演讲时用。艾鲍德明白了他妻子的暗示，就把他那篇花了近一周时间准备的演讲稿丢弃了。他什么也不准备，就去演讲了。

直接的责备往往会使人心情沮丧，进而丧失信心或失去工作热情，不利于人际交往沟通；相反，含蓄委婉地指出他人的过错，必能激发起他人的羞愧之心并使之心存感激，从而使其在以后的场合中，能更加兢兢业业地去工作，更愿意与你交际和建立牢固的友谊。

有一天中午，查理·夏布偶然走进他的一家钢铁厂，撞见几个工人正在吸烟，而在那些工人头顶的墙上，正悬着一面“禁止吸烟”的牌子。夏布没有直接地批评工人。

他走到那些工人面前，拿出烟盒，给他们每人一支雪茄，然后请他们到外边去抽。那些工人，已知道自己破坏了规定，可是他们钦佩夏布先生不但丝毫没有责备他们，而且还给他们每人一支雪茄当礼物，工人们觉得很高兴。

保留他人的面子！这是一个何等重要的问题！而我们却很少会考虑到这个问题。我们常喜欢摆架子、我行我素、挑剔、恫吓、在众人面前指责孩子或雇员，而没有多考虑几分钟，讲几句关心的话，为他人设身处地想一下，要是这样，就可以缓和许多不愉快的场面。

几年前，通用电气公司碰到了一个棘手的问题，公司不知该如何安排一位部门主管查理·史坦梅兹的新职务。史坦梅兹原先在电气部门的时候，是个一级天才，但后来调到计算部门当主管后，却发现现在的工作非己所长，不能胜任。但公司领导不愿伤他自尊，毕竟他是一个不可多得的人才——何况他还处事十分敏感。于是，当局给了他一个新头衔：通用公司咨询工程师——工作性质仍与原来一样——只是另换他人去主管那个部门。

81 用赞美点燃友情的火花

戴尔·卡耐基说：在你每天所到的地方，不妨多说几句感谢的话，留下一些友善的小小火花。你无法想象，这些小小的火花如何点燃起友谊的火焰。当你下次再到这个地方的时候，这友谊的火焰就会照亮你。

在卡耐基的剪报中有一则故事，虽然不知道是不是真有其事，但是这则故事说明了一个真理，有必要说一下：

有个农妇在劳累了一天之后，为干活的几个男人准备了一大堆干草当晚餐。愤怒的男人质问她是否发疯了，农妇答道："嘿，我怎么知道你们会在意呢？20年来，我一直煮饭给你们吃，你们从不吭声，也从没告诉我你们并不吃干草啊！"

几年前，有人对家庭冲突以及妻子为什么会离家出走展开研究。

你知道她们出走的重要原因是什么吗？竟然是"缺少赞赏和重视"。我们常常把家人所做的事视为当然，很少会表示对他们的赞赏和重视。

卡耐基甚至在他的墓碑上都要称赞他的雇员。他为自己写了一句碑文："这里躺着的是一个知道怎样跟他那些比他更聪明的属下相处的人。"

吝啬赞美，吝啬鼓励，吝啬感谢，别人还回来的是更加的吝啬。种瓜得瓜种豆得豆，种下友谊收获朋友。善于赞美别人的人，是幸福的人，一支蜡烛不因点燃另一只蜡烛而降低自己的亮度，甚至在点燃的瞬间，自己更加辉煌！

真诚的赞美也是洛克菲勒管理人事成功的秘诀。爱德华·贝德福特是洛克菲勒的合伙人之一，在一次生意中，由于决策的失误，他使公司损失了近100万美元。当时，洛克菲勒完全有理由指责贝德福特，但他并没有这样做，因为他知道贝德福特已经尽力了，况且这件事也已经过去了。所以洛克菲勒另找其他的事，说他节省了50%的投资金额，以此称赞贝德福特。洛克菲勒赞美说："这简直太好了，我们并不能总是像巅峰时期那么好。"

查理·夏布是全美少数年收入超过百万美元的商人。1921年，安德鲁·卡耐基慧眼独具，提名夏布为新成立的"美国钢铁公司"第一任总裁时，夏布才38岁。

为什么安德鲁·卡耐基每年要花100万聘请夏布先生呢？这几乎等于每天支付3000多元。

难道夏布先生确实是个了不起的天才？还是夏布先生对钢铁生产比别人懂得多？都不是。夏布先生亲自告诉我，在他手下工作的许多人对钢铁制造其实都懂得比他多。

夏布说他之所以获得高薪，主要是因为他善于处理人事，管理人事。他说："我想，我天生具有引发人们热情的能力，促使人将自身能力发展到极限的最好办法，这就是赞赏和鼓励。来自长辈或上司的批评，最容易丧失一个人的志气。我从不批评他人，我相信奖励是使人工作的原动力。所以，我喜欢赞美而讨厌吹毛求疵。如果说我喜欢什么，那就是真诚、慷慨地赞美他人。"

在世界上所有的道路中，心与心之间的道路是最难行走的，人人都在追求利益，可他们却找不到通往心灵的方向。其实走进他人的心灵有时又是轻而易举的，路标就是真诚地赞赏他人。

佛罗伦兹·齐格飞是百老汇最有看头的歌舞剧家，具有一项"使美国女孩增添光彩"的超绝能力。好几次，他把原本没有人愿意多看一眼的平凡女孩，变成千娇百媚、风情万种的舞台明星，他深深知道赞美和信心的价值，常用殷勤、体贴的力量打动女士们的心，使她们相信自己确实美丽。他十分看重现实，把歌舞女郎的周薪由30美元升到175美元；他也很浪漫，首演之夜，必致电给主要明星，还送每个歌舞女郎一大束红蔷薇。

其实，对人的精神鼓舞同每天都需要进食一样重要。

我们会照顾儿女、朋友，甚至雇员的身体，但是我们可曾照顾过他们的自尊？我们给他们牛肉、马铃薯，以使之补充体力，但是，却忽略了感谢他们的言语。这样的言语甚似晨星的美妙音乐，永远在他人的记忆深处歌唱。

一位太太要求丈夫提出自己能够做到却没有做的六件事情。但是那位丈夫坦白地说：如果要我列出我要她改变的六件事，对我来说那将会容易得多——老天，她可以列出1000件她要我改变的事——但是我没有这样做。我对她说，"让我好好地想一想，明天早上再告诉你。"

第二天早晨我很早就起床打电话给花店，要他们送六朵红玫瑰花来，并且附上一张卡片，上面写着：我想不出我要你改变的六件事情。我就爱现在的你。

"当我晚上回家的时候，谁在门口等我？你猜对了，我的太太！她眼中几乎充满了泪水。"而太太说："这是我听到的最体谅的话！"赞美的力量是多么强大。

不要忘记了，下一次你在饭店吃到了一道好菜时，不要忘记说这道菜做得不错，并且把这句话传给大师傅。而当一位奔波劳累的推销员向你表现出礼貌的态度时，也请你给他赞扬。每一位这样的人他掏出肚子里所有的东西却没有听到听众一句赞扬的泄气情形，那些在办公室、商店以及工厂的工作人员，还有我们家里的人和朋友，也会遭遇。在人际关系方面，我们应该永远不要忘记我们所有的同事都是人，也都渴望别人的欣赏和赞扬。这是所有的人都欢迎的东西。

我们在日常生活中，常常会忽略赞美他人的美德。当孩子做了第一个蛋糕或做了一只蝈蝈笼时，我们忘了鼓励他们；当孩子带回一份好的成绩单时，我们也忘了称赞他们。对孩子来说，父母的赞美和关注是最令他们高兴的。

82 将自己放在对方的地位上

有些时候，我们很难用一个简单的对与错来衡量某一件事情，如果我们考虑问题的角度不一样，其结果当然不一样。

生活中有时会发生这种情形：对方或许完全错了，但他仍然不以为意。在这种情况下，不要指责他人，因为这是愚人的做法。你应该了解他，而只有聪明、宽容、特殊的人才会这样去做。

对方为何会这样，其中一定自有他的道理。探寻出其中隐藏的原因来，你便了解了他，了解了他的个性，这才是解答他的钥匙。

因此，当我们面对某一问题时，如果仅仅从自己的角度去考虑，而不顾他人，往往就会失之偏颇，甚至做错事情，伤害别人。凡事设身处地，换一角度想想，原本疑惑不解的问题可能就变得豁然开朗了。当一个人面对严重的难题时，如果他能够从别人的角度来看待事情，那么就可以缓解压力，解决问题。

伊丽莎白·洛亚科是澳大利亚人，她用分期付款的方式买了一部车子。由于种种原因，她已有六周没有按合同交款了。一个星期五的上午，负责洛亚科买车付款账户的一名男子在电话中愤怒地告诉她，如果下周一上午不把钱交上的话，他们将采取进一步的行动。刚好是周末，洛亚科没有筹到钱。于是这名男子星期一在给洛亚科的电话里说了更多难听的话。当时洛亚科没有发火，而是从他的角度出发，来考虑这件事情。洛亚科先真诚地道歉，说真是给他带来了很大的麻烦，而且因为自己已六周未付款，一定是他客户中最让他头疼的。这名男子听了洛亚科这一番话后，改变了态度，说洛亚科并不是最让他烦心，并且还举了几个例子来说明。他说有的客户经常撒谎，有心躲着不见，还有的非常不讲理。洛亚科没有说话，只是静静地听，让他把心中的不快都说出来。最后，还没等洛亚科提什么要求，这名男子就主动说如果洛亚科不能马上交还拖欠的钱，也可以，只要洛亚科在本月底先付给他 20 美元，然后在她方便的时候再把其余的钱交给他就可以了。

古拉特·利伊普在《进入别人的内心世界》一书中，曾有这么一段深有意味的话："把别人的感觉和观念与自己的感觉和观念置于相同的位置，并把它表现出来，这样谈话的气氛就会融洽起来。当你在听别人谈话时，要根据对方的意思来准备自己将要说的话，那样，由于你已理解和认同了他的观点，他也就会理解和认同你的观点。"

而《怎样把人们变成黄金》一书的作者肯尼迪·贝迪则说得更加明白直了：停下来，用数秒的时间比较一下，你是如何关心自己的事情和关心他人事情的，就会理解，别人也和你一样。而一旦你掌握了这个诀窍，你就会像罗斯福和林肯一样，拥有了做任何事的坚实基础。总之，和别人相处的关系怎样，完全取决于你在多大程度上替别人着想了。

看看罗克遇到的事情，就明白这两段话会给你带来怎么样的好处啦！

多年来，罗克常到离家不远的公园中散步和骑马，以此作为消遣。罗克非常喜欢橡树，所以每当看到公园里一些树被烧掉时，他就十分痛心。这些火差不多都是由到园中野炊的孩子们造成的。有时火势很凶，必须叫来消防队才能扑灭。

公园边上有一块布告牌，上面写道："凡引火者应该罚款及拘禁"。但这布告竖在偏僻的地方，很少有儿童看见它。有一位骑马的警察在照看这一公园，但他对自己的职务不大认真，火仍然是经常蔓延。

有一次，罗克又看到公园失火，就急忙跑去告诉警察快叫消防队，可没想到他却说那不是他的事。罗克非常失望，于是以后罗克再到公园里散步的时候，就担负起了保护公园的义务。

当他看见树下起火时就非常不快，急忙上前警告那些野炊的孩子们，用威严的辞令命令他们把火扑灭。如果他们不听，就会恐吓要把他们交给警察。就这样，罗克只是按照自己的想法去做，只是在发泄自己的情感，全然没有考虑孩子们的感觉。

结果呢，那些儿童怀着一种反感的情绪暂时遵从了。转过身去的时候，他们又生起了火堆，并恨不得把整个公园烧尽。

随着时间的推移，罗克逐渐懂得了人与人相处的道理。知道了怎样使用技巧，并更懂得从别人的角度来看待问题。于是他不再发布命令或恐吓，而是说："孩子们，玩得高兴吗？你们在做什么晚餐？我小时候也很喜欢生火，直到现在我仍然很喜欢，但你们知道在公园里生火是很危险的吗？我知道你们几个会很小心，但别的孩子就不一样了。他们来了也会学着你们生火，回家的时候却又不把火扑灭，这样就会烧掉公园里的所有树木。如果我们再不谨慎的话，我们就不会再看到这里的树木了。而且在这里生火，还有可能被警察抓起来。我不干涉你们的兴致，我很愿意看到你们开开心心的，但我想请你们在离开时，把火用土埋起来，并把火堆旁边的干枯树叶拨开，好吗？你们下次来公园玩时，可不可以到山丘的那一边，就在那沙坑里取火，那样就不会有任何危险了。多谢了，孩子们，祝你们玩得快乐。”

这种说法产生的效果有很大区别！它使孩子们产生了一种同你合作的欲望，没有怨恨，没有反感。他们没有被强制服从命令。他们保全了面子，他们觉得好。“我也感觉很好，因为我处理这事情时，考虑了他们的观点。”

如果要让别人都敬重你，你就应该记住要真诚地尽力从对方的角度看事情。这样，你便会获得和道格拉斯先生一样的幸福了！

纽约州汉普斯特市的山姆·道格拉斯，过去经常抱怨太太把过多的时间都用在修理草坪上了：他太太一周至少去草坪上拔草、施肥和剪草两次。而道格拉斯却认为草坪和四年前刚搬来时一样，并未变好。当他把这话说给太太听时，自然就破坏了他们的夫妻感情。后来，他试着从太太的角度考虑：她确实喜欢草坪，是因为她从中找到了乐趣。于是道格拉斯决心改变自己。

一天晚饭后，太太又去修理草坪，道格拉斯也跟了出去，帮助太太一起除草、施肥，他们边干活，边愉快地谈话，他的太太非常高兴。

从此他经常帮助太太修理草坪，并称赞她干得好，草坪比以前好看多了。于是，夫妻间的感情日益加深。

83 没有狭隘与偏见

孟德斯鸠说：人生而平等，根本没有高低贵贱之分。我们没有权利借后天的给予对别人颐指气使，也没有理由为后天的际遇而自怨自艾。在人之上，要视别人为人；在人之下，视自己为人。这是做人的一种基本姿态，也是为人的原则之一。

因此，在任何时候，我们都应该摒弃对他人的狭隘与偏见，平等地待人。

玫琳·凯是美国著名的管理专家，在她成名之前曾是一家化妆品公司的推销员。

有一次，她参加了一整天的销售练习，很渴望能和销售经理握握手。那位经理刚刚作了一篇十分鼓舞人们士气的演讲。玫琳整整排了3个小时的队，好不容易才轮到她和那位经理见面。但遗憾的是，那位经理根本没有拿正眼看她，只是从她的肩膀上方望过去，看看队伍还有多长，甚至根本没有察觉他要与玫琳握手。玫琳等了3个小时，就获得了这样的一个接待？她觉得人格上受到了侮辱，面子受到了伤害。于是她立志做一个经理："如果有一天人们排队来和我握手，我将给每一个来到我面前的人全然的注意——不管我当时多么疲劳！"

后来，玫琳·凯的愿望真的成为了现实。以她自己名字命名的化妆品公司终于成为一家具有相当规模的大企业，也有很多她的慕名者来找她握手，她确实始终坚持她以前曾发过的誓言。她说："我有很多次站在长长的队伍前，与各种人士作长达数小时的握手，一旦感觉疲劳了，我总是想起自己从前排队和那位经理握手的情形，一想起他不正眼瞧我给我带来的伤害，我立即打起精神，直视握手者的眼睛，尽可能地说些比较亲近的话……"

在人之上，要视别人为人；在人之下，要视自己为人。这不仅是一个心态的问题，也是一个道德问题。其实，一个人对另一个人的态度在现实生活中的重要性是不言而喻的。

一天晚上，闲着无事的艾森豪威尔在营帐外散步。他看见一个士兵正在营帐背后黯然神伤，便走了过去，“嗨，看来我们是同病相怜啊，我的心情也特别不好，我们可以一起走走吗?”士兵看到艾森豪威尔的突然出现，原本很紧张，可万没想到这位尊敬的将军竟在他最需要朋友倾诉的时候会来邀他散步。自然他感到万分荣幸。他们的谈话也很放松。用这位士兵的话说：“那天晚上他不再是指挥千军万马的将军，我也不再是默默无闻的小兵，我们是无所不谈的朋友。”正是那次谈话，使这个一向都很悲观的士兵乐观了起来，在以后的战斗中显示了出奇的英勇。

英国女王维多利亚作为英国皇权至高无上的拥有者，一向就很傲慢。

一次，在和丈夫阿尔伯特亲王发生激烈口角的时候，也流露出了居高临下的语气，伤害了亲王作为男性的尊严。为了表示不满，亲王一句话也没有说就进了自己的房间，并把门紧紧地关了起来。几分钟之后，有人来敲门了。

“谁?”亲王气呼呼道。

“我，快给英国女王开门。”维多利亚依旧傲慢地回答。

阿尔伯特一听，心里就不大受用，更别说开门了。隔了许久，敲门声再次响起，但这次温柔了许多，还听到一个声音轻轻地说道：“阿尔伯特，是我，维多利亚，你的妻子。”

房门打开了，怨气全消的阿尔伯特站在门口，两个人终于重修旧好。

维多利亚女王把宫廷里的那一套架势拿到两个人的世界来显示显然是错的。处于劣势地位的人们原本就很敏感，任何一点点异常的举动都会引起他们极大的注意，就像人们常说的那样，在矮个子面前别说短话，处于高位的人要照顾底下人的情绪。同时，处于卑微地位的人们更应树立起自尊自强的信念，因为很多时候，如果连你自己都看不起自己的话，又怎么能让别人看得起你呢?

几年前，一家日本公司里，中国员工因工作权益问题与日方老板发生了冲突，而且愈演愈烈，最后愤怒如一头母狮的女老板提出要当事人向她下跪以示悔悟和赔礼道歉，否则就扛起行李走人。很多工人在老板的淫威下屈服了，弯下了他们那一双双本已习惯站着工作的双膝。正当女老板用她那傲慢而又洋洋自得的眼睛逡视着时，一个年轻的小伙子却笔挺地站到了她的面前。“为什么不跪?”女老板咆哮着。“因为你没有权力那样做?”中国小伙子以一种愤怒而又傲不可侵的目光逼视着她。“在这里你必须听我的，不然就滚!”女老板气急败坏地将手中的文件夹狠狠地摔到了桌上。就这样，这个年仅二十几岁的郑州小伙子当日就被开除了。

当时这次事件在国内引起一场不小的风波，几乎全国大大小小所有的媒体都予以不同程度的关注，甚至有些大学和其他机构还就此开展了不同形式的研讨。就这件事本身而言，除了民族情绪的作用外，还有一些更为本质的东西，那就是做人的尊严。那个小伙子之所以被人崇拜，被人颂扬，就是因为他用自己的语言和行动捍卫了一个民族的尊严和自己做人的尊严。

松下幸之助在给他的员工培训时曾有过这样的一段论述："不怕别人看不起，就怕自己没志气。人须自重，尔后为他人所重。应该让人在你的行为中看到你堂堂正正的人格。"当然，自重并不仅在于不自卑，也在于不要在行为表现中玷污甚至丧失人格。

著名的成功学者戴尔·卡耐基在谈到人际交往时也曾提道：过分自卑、缺乏自信心的人，对人际关系谨小慎微、过于敏感的人，对他人批评过分的人以及完成工作任务后过分自夸的人等，都影响与人交往。卡耐基曾指出："指责和批评收不到丝毫效果，只会使别人加强防卫，并且想办法证明他是对的。批评也很危险，会伤害到一个人宝贵的自尊，伤害到他自己认为重要的感觉，还会激起他的怨恨。"所以，他建议不要指责别人，而要："尝试着了解他们，试着揣摩他为什么做出他做的事情。这比批评更有益处和趣味，并且可以培养同情、容忍和仁慈。"

84 像避免战争一样避免争吵

我们有些人总是喜欢与人舌战不休，与人拍桌打椅，争得面红耳赤，嗓音嘶哑，而最后的结果只有一个：徒劳无益。因为即使他争赢了，但这样表面的胜利实无大益；而且会损伤对方的自尊，影响对方的情绪。若是争输了，当然自己也不会觉得光彩。所以，最好的策略就是不要过于与人争论。

卡耐基先生之所以这么认为，因为他曾经有过这方面的教训。

二战结束后不久的一个晚上，卡耐基在伦敦得到了一个无价的教训。卡耐基当时是史密斯爵士的私人助理。在战争期间，他曾在巴勒斯坦做奥国的航空领袖，而在宣布和平不久之后，他因在30天内环绕地球半周而惊动了世界，因为向来未曾有人有过这样惊人的举动。这件事轰动一时，奥国政府奖给他5万先令，英国国王封他为爵士，此时，他成了在英国国旗下被谈论得最多的一个人。有一个晚上，卡耐基参加一个欢迎罗斯爵士的宴会，在席间，坐在卡耐基旁边的一个人讲了一个幽默的故事，这故事与这一句话有些关联："无论我们如何粗俗，有一位神，就是我们的目的。"那人说这句话出自《圣经》，而卡耐基指正是出自莎士比亚。

卡耐基的一位老朋友加蒙坐在卡耐基左边。加蒙先生曾用多年的工夫专心研究莎士比亚，所以他们决定由加蒙先生来解答这一问题。加蒙先生静听着，在桌下用脚踢了一下卡耐基，然后说道："戴尔，你错了，这位先生是对的，是出自《圣经》。"在回家的路上，加蒙先生对卡耐基先生说："那位先生的确是错了，那句话出自《哈姆雷特》第五幕第二场。但我们为什么要证明一个人是错的？那能使他喜欢你吗？为什么不让他保住面子？他并没有征求你的意见，他也不要你的意见。那你为什么同他争辩？要永远避免正面的冲突。"

"永远像避免战争一样避免争吵。"卡耐基牢牢地记住了这个教训。10次辩论有9次结束后，卡耐基都比以前更坚信他是绝对正确的。

一个人从来不能在辩论中得胜，从来不能。

因为如果你辩论失败，那你当然失败了；如果你得胜了，你还是失败的。为什么？假定你胜过对方，将他的理由击得漏洞百出，并证明他是神经错乱，那又怎样？你觉得很好，但他怎样？你使他觉得脆弱无援，你伤了他的自尊，他要反对你的胜利。如果你老是抬杠、反驳，也许偶尔能获胜，但那只是空洞的胜利，因为你永远得不到对方的好感。

十之八九，争论的结果会使双方比以前更相信自己绝对正确，你赢不了争论。

比较一下欧哈尔和巴森斯先生的不同遭遇吧！

欧哈尔从来没有销售出去一台载重卡车，尽管他从事这个工作已有一年多了。原因就在于他太喜欢同别人争执了！他始终同他正要做交易的人争执并触犯他们。如果一位未来的买主对他出售的汽车说出任何贬抑的话，他就会恼怒地截住那人的话头。当然，他确实胜过不少辩论。后来他说，“我常走出一个人的办公室说：‘我又教给那家伙一些东西了。’我真的告诉了他一些事，但我并没有因此而卖给他一点儿东西。”

而巴森斯先生做得要聪明多了。他是一位税收顾问，有一次，为了一笔关键性的9000元钱跟一位政府的税务员争论了1个小时。巴森斯解释这9000元钱事实上是应收账款中的呆账，不可能收回来，所以不该收所得税。

“死账，胡说！”稽查员反对说，“那也必须纳税。”

“这位稽查员冷淡、傲慢、固执，”巴森斯先生在班里讲述事情的经过时说，“理由对他是毫无用处的，事实也没有用——我们辩论得越久，他越固执。”

巴森斯决定不同他争论，而是从赞赏他开始解决问题，说些令人愉快的话。

他真诚地对这位稽查员说：“比起其他要你处理的重要而困难的事情，我想这实在是不足挂齿的小事。我也研究过税务问题，但那是书上的死知识，你的知识全是来自实务工作的经验。有时我真想有份像你这样的工作，那样我就会学到很多。”

结果，那稽查员在椅上挺起身来，向后一倚，讲了许多关于他工作的话，他告诉巴森斯发现过许多税务上的鬼花样。他的口气慢慢友善起来。接着又谈起他的孩子，临告别的时候他说要再研究研究巴森斯的问题，过几天会通知巴森斯结果的。三天后，他打电话到巴森斯办公室，通知巴森斯那笔税决定不征了。

现在我们应该明白了同别人争论的危害了吧！争强疾辩不可能消除误会，而只能靠技巧、协调、宽容，以及用同情的眼光去看别人的观点。

天底下只有一种能在争论中获胜的方式，那就是避免争论。避免争论，要像你避免响尾蛇和地震那样。

所以，卡耐基先生再三告诉那些爱同他人争论的朋友：我们绝不可能对任何人——无论其智力的高低——用口头的争斗改变他的思想。

而美国前总统林肯也曾这样对一位因琐事同同事发生激烈争吵的青年军官说："任何决心有所成就的人，绝不会在私人争执上耗时间，争执的后果，不是他所能承担得起的，而后果包括发脾气、失去自制。要在跟别人拥有相等权利的事物上，多让步一点儿；而那些显然是你对的事情，就让得少一点儿。与其跟狗争道，被它咬一口，不如让它先走。因为，就算宰了它，也治不好你的咬伤。"

85 怨恨会让你失去快乐

一个失败型个性的人，在寻找失败的借口和原因时，往往会责备社会、制度、人生、运气不好。对于别人的成功与幸福，总是愤愤不平，因为他认为，这些都足以说明生活使他受到不公平的待遇。愤愤不平是企图用所谓不公正、不公平等的现象来为自己的失败辩护，使自己感到好过一些。可是实际上，作为对失败者的安慰，怨恨是非常不可取的办法，比生病还糟。怨恨是精神的烈性毒药，它使快乐不能产生，并且使成功的力量逐渐消耗殆尽，最后形成恶性循环，自己并没有多大本领而又非常怨恨别人的人，几乎不可能和同事相处得好。

对于由此而来的同事对他的不够尊重或者领导对他工作不当的指责，都会使他加倍地感到愤愤不平。

怨恨是使自己觉得自己重要的一种方法。很多人以“别人对不起我”的感觉来达到异常的满足。从道德上来说，不公正的受害者和那些受到不公正待遇的人，似乎比那些造成不公正的人要高明。

心怀怨恨的人，是想在人生的法庭上证明他的案子，如果他有怨恨之感就证明生活对他不公平，而有些神奇的力量将会澄清那些使他产生怨恨的事情，使他得到补偿。从这个意义上来说，怨恨是对已发生之事的一种心理反抗或排斥。

怨恨的结果是塑造劣等的自我意象。就算怨恨的是真正的不公正与错误，它也不是解决问题的好方法，因为它很快就会转变成一种习惯情绪的。一个人习惯于觉得自己是不公平的受害者时，就会定位于受害者的角色上，并可能随时寻找外在的借口，即使对最无心的话在最不确定的情况中，他也能很轻易地看到不公平的证据。

习惯性的怨恨一定会带来自怜，而自怜又是最坏的情绪习惯。这个习惯已根深蒂固，如果离开了这个习惯，就会觉得不对劲、不自然，而必须开始去寻找新的不公正的证据。有人说这类人只有在苦恼中才会感到适应，这种怨恨和自怜的情绪习惯，会把自己想象成一个不快乐的可怜虫或者牺牲者。

产生怨恨的真正原因是自己的情绪反应。因此，只有自己才有力量克服它，如果你能理解并且深信怨恨与自怜不是使人成功与幸福的方法，你便可以控制住这种习惯。

怨恨的人把自己的命运交给别人，把自己的感受和行动交给别人支配，他像乞丐一样依赖别人。若是有人给他快乐他也会觉得怨恨，因为对方不是照他希望的方式给的；若是有人永远感激他，而且这种感激是出于欣赏他或承认他的价值，他还会觉得怨恨，因为别人欠他的这些感激的债并没有完全偿还；若是生活不如意，他更会觉得怨恨，因为他觉得生活欠他的太多。

86 不要播种仇恨的种子

人生就像是一块肥沃的土地，它既种植希望和成功，也会播种仇恨。但你要记住，最好不要在人生中播撒这种仇恨的种子。生活的经验告诉我们，不管我们的理由如何，怀恨总是不值得的。潜留在我们内心里的侮辱，永难平复的创伤，都能损坏我们生活中的许多可爱的事物。我们被锁在自己的苦恼之渊里，甚至无法为别人的幸运而愉快。怨恨就像毒害我们的血液、细胞的毒素一样，影响、侵蚀我们的生命。

有位朋友曾接到一封爱发牢骚的亲戚写来的信，他说："我永远记得，我新婚的嫂嫂和哥哥在我的生日那天一同外出旅行，而没有对我说一句祝贺生日的话。"这句话的言语之中就埋着仇恨的种子，而它通常也是毒害你身体的毒药的种子。

头痛、消化不良、失眠和严重的疲倦等，是怀恨的人常有的生理症状。某医学院曾作过一次调查，报告中说：与心情较为愉快的人相比，心存怨恨的人更经常进医院。医务人员所做的试验显示，患心脏病的人常常不是工作辛劳的人，而是抱怨工作辛劳的人；最足以引起高血压的原因，莫过于外表好像很安静，内心里却被强烈的怨恨所煎熬。

怨恨甚至会造成意外事件。交通问题专家说："发怒的时候永远不要开车。"心里总是惦记着丈夫如何不懂体贴的妇女，比起那些心里毫无杂思的妇女，更容易在家里发生意外事件。

另一方面，爱与同情则有激发活力的作用。正如一位健康学博士所说："宽宏大量乃是一服良药。"

与怨恨情绪作战的第一步，便是先要确定怨恨情绪的来源。如果我们能坦白地检讨，十次之中有九次，我们会发现其来源是很接近于自己这方面的。忽略自己的缺陷与弱点，乃是人之常情；在任何可能的时候，我们总会把自己的短处变成别人的错处，而后加以无以名状的怨恨。例如，在每一个离婚案件中，几乎很明显的，所谓无辜的一方往往并不如其所描述的那般无辜。

“这是很奇怪的现象，”心理学家说，“我们自己的过错好像比别人的过错要轻微得多。我想，这是由于我们完全了解有关犯下错误的一切情形，于是对自己多少会心存原谅，而对别人的错误则不可能如此。”

怨恨的根由发现了之后，务须尽全力去对付之，第二桩要做且是最有效的事便是——忘记它。有理智的人并不仅以把宿怨掏干为满足，他们还经常用新的梦想和热忱，填进他们生活中的洼地。据心理学家说，我们不能同时拥有两种强烈的情感，既要爱又要恨，那是不可能的。怨恨大部分是以自我为中心的，所以要想忘记自己，最好的方法便是帮助别人。

87 宽容你的对手

几年以前，68 岁的威廉·传坎伯，在史泼坎城开了一家小餐馆，因为他的厨子一定要用茶碟喝咖啡，而使他活活气死。当时那位小餐馆的老板非常生气，抓起一把左轮枪去追那个厨子，结果因为心脏病发作而倒地死去——手里还紧紧地抓着那把枪。验尸官的报告宣称：他因为愤怒而引起心脏病发作。

“宽容别人”不仅是一种道德上的教训，而且是在宣扬一种 20 世纪的医学。就是说，如果我们保持一种平和宽容的心态，也许可以让我们避免高血压、心脏病、胃溃疡等许多其他的疾病。

“要是自私的人想占你的便宜，就不要去理会他们，更不要想去报复。当你想跟他扯平的时候，你伤害自己的，比伤到那家伙的更多……”这段话听起来好像是什么理想主义者所说的，其实不然。这段话出自一份由米尔瓦基警察局发出的通告上。报复怎么会伤害你呢？伤害的地方可多了。根据《生活》杂志的报道，报复甚至会损害你的健康。“高血压患者主要的特征就是容易愤慨，”《生活》杂志说，“愤怒不止的话，长期性的高血压和心脏病就会随之而来。”

当我们恨我们的对手时，就等于给了他们制胜的力量。那力量能够妨碍我们的睡眠、我们的胃口、我们的血压、我们的健康和我们的快乐。要是我们的仇人知道他们如何令我们担心，令我们苦恼，令我们一心报复的话，他们一定会高兴得跳起舞来。我们心中的恨意完全不能伤害到他们，却使我们的生活变得像地狱一般。

怨恨的心理，甚至会毁了我们对食物的享受。圣人说：“怀着爱心吃菜，也会比怀着怨恨吃牛肉好得多。”

要是我们的对手知道我们对他的怨恨使我们筋疲力尽，使我们疲倦而紧张不安，使我们的外表受到伤害，使我们得心脏病，甚至可能使我们短命的时候，他们不是会额手称庆吗？这个道理连动物都晓得，卡耐基先生曾经历过一件这样的事：

多年前的一个晚上，卡耐基正旅行经过黄石公园。一位森林的管理人员骑在马上，跟这群兴奋的游客谈些关于熊的事情。他告诉卡耐基：一只大灰熊大概能够击倒西方所有的动物，除了水牛和另一种黑熊，但那天晚上，我却注意到一只小动物——只有一只，那只大灰熊不但让它从森林里出来，并且和它在灯光下一起共食。那是一只臭鼬！大灰熊知道，它的巨灵之掌，可以一掌把这只臭鼬打昏，可是它为什么不那样做呢？因为它从经验里学到，那样做很划不来。

卡耐基也知道这一点，当卡耐基还是个孩子的时候，曾经在密苏里的农庄上抓过四只脚的臭鼬；长大成人之后，卡耐基在纽约的街上也碰过几个像臭鼬一样的两只脚的人。卡耐基从这些不幸的经验里发现：无论招惹哪一种臭鼬，都是划不来的。

即使我们不能爱我们的对手，至少我们要爱我们自己。我们要使对手不能控制我们的快乐、我们的健康和我们的外表。就如莎士比亚所说的："不要因为你的对手而燃起一把怒火，热得烧伤你自己。"

前纽约州州长威廉·盖诺信奉这样一句话："不能生气的人是笨蛋，而不去生气的人才是聪明人。"

威廉州长曾被一份内幕小报攻击得体无完肤之后，又被一疯子打了一枪几乎送命。他躺在医院为他的生命挣扎的时候，他说："每天晚上我都原谅所有的事情和每一个人。"这样做是不是太理想了呢？是不是太轻松、太好了呢？如果是的话，就让我们来看看那位伟大的德国哲学家，也就是"悲观论"的作者叔本华的理论。他认为生命就是一种毫无价值而又痛苦的冒险，当他走过的时候好像全身都散发着痛苦。可是在他绝望的深处，叔本华叫道："如果可能的话，不应该对任何人有怨恨的心理。"

有一个能原谅和忘记误解和错对自己的人的有效方法，就是让自己去做一些绝对超出我们能力以外的大事，这样我们所碰到的侮辱和敌意就无关紧要了。因为这样我们就不会去计较理想之外的事了。依匹克特修斯在一千九百年前就曾经指出，我们种因就会得果。而不管怎么样，命运总能让我们为过错付出代价。"归根到底，"依匹克特修斯说，"每一个人都会为他自己的错误付出代价。能够记住这点的人就不会跟任何人生气，不会跟任何人争吵，不会辱骂别人、责怪别人、触犯别人、恨别人。"

瑞典的乔治·罗纳先生一直在维也纳做律师的工作，一直到二战结束才回到瑞典。他当时身无分文，急需找到一份工作，他能说好几种语言，所以想找个文书工作。大部分公司都说由于战争的缘故，他们目前不需要这种服务。其中一个公司却这样回信给罗纳：“你这个人真是愚不可及，我们根本不需要文书。即使我们真的需要，也不会雇用你，因为你连瑞典文字都写不好，你的信上满是错误。”

你能想象收到这样一封满是侮辱言辞的信的感觉吗？罗纳气得暴跳如雷，他们竟敢说我这个瑞典人不会说瑞典话！罗纳气愤之下，写了一封足以让对方喷血的信准备寄给对方。可他却停了下来，他对自己说：“稍等一下，我怎么知道他不对呢？我学过瑞典文，但不一定精通它。也许我的错我自己都不知道呢！真是这样的话，我应该再加强学习才对呀！这个人还真提醒了我，虽然他可能并不想这么做，但也不能抵消我欠他的人情呀！我应该写封信感谢他。”

于是，罗纳把他写好的信撕掉了，另外写了一封：“你们根本不需要文书，还不厌其烦给我回信，我深感荣幸，我对贵公司判断有误，实在抱歉之至。我不知道我的信犯了文法上的错误，我很抱歉并很惭愧。别人告诉我你是这一行的领袖，谢谢你帮助我自我成长，我会努力学好瑞典文，减少错误。”

几天后，罗纳收到了回信，想不到吧？这是一封邀请罗纳去工作的信函。

年轻的朋友们知道这样一句不朽的名言吗：“我知道光是爱国还不够，我一定不能对任何人有敌意和怨恨。”

在加拿大杰斯帕国家公园里，有一座可算是西方最美丽的山，这座山以伊笛丝·卡薇尔的名字为名，纪念那个在1915年10月12日像军人一样慷慨赴死——被德军行刑队枪毙的护士。她犯了什么罪呢？因为她在比利时的家里收容和看护了很多受伤的法军、英国士兵，还协助他们逃到荷兰。在十月的那天早晨，一位英国教士走进军人监狱——她的牢房里，为她做临终祈祷的时候，伊笛丝·卡薇尔说了两句将刻在纪念碑上不朽的话语：“我知道光是爱国还不够，我一定不能对任何人有敌意和怨恨。”四年之后，她的遗体转移到英国，在西敏寺大教堂举行安葬大典。

说得多好呀！“我一定不能对任何人有敌意和怨恨。”

让我们永远不要去试图报复我们的仇人，因为如果我们那样做的话，我们会深深地伤害了自己。不要浪费一分钟的时间去想那些我们不喜欢的人。

第八章　成大事者做事游刃有余

做事就要解决问题，解决问题就要讲究方法，不能蛮干。只有用对方法、讲究策略才能熟练而毫不费事地把事做得干净而漂亮。

88 借势造势的威力

孙子说：故善战者，求之于势，不责于人，故能择人而任势。任势者，其战人也，如转木石。故善战人之势，如转圆石于千仞之山者，势也。成功是化繁为简提高效率的学问，一个人要想在有限的时间里成功，必须学会抢占制高点，借助各种有利条件迅速实现自己的目标。正像一个科学家所言：只有站在巨人的肩上你才能看得更远。

古时有个卖马人在马市上蹲了三天也未把马卖出去，他找到了伯乐，请求伯乐给予帮助。伯乐一看他的马，真的是匹千里马，就答应下来。第二天，当马市上交易正繁忙的时候，伯乐出现在千里马旁边，他左瞅右瞧，观察良久，后做依依不舍状离开。伯乐前脚刚走，很多买主就围过来，千里马很快出手，并且卖了一个好价钱。

“造势”词虽新，其实历史却久远得很。春秋时的冯谖，可以说是善于“造势”的老祖宗。他的主人孟尝君被齐王免职，为了帮助主人东山再起，他四处活动，当众焚毁债券，收买人心，造成民众拥护的影响；西去秦国，说动秦王高薪聘请孟尝君，回头又把这个消息告诉齐王，使齐王不得不收回成命，重新任命孟尝君为相。

不过，比较起来，今人“造势”的水平和效率要更高得多。作家余秋雨现在大红大紫，炙手可热，可他刚出道时那个窘状，很多人恐怕都不知道。据余秋雨《文化苦旅》的责任编辑王国伟说，那本书稿到他手上之前已遭两家出版社退稿，他拿了决定出版之后，征订数也只有区区 1400 本，也就是说连最低开印数也没有达到。于是他们发动传媒造势，书出版之前之后的一个月间，组织写作 300 多篇评论稿在全国各地主要报刊发表。结果一炮打响，洛阳纸贵，一版再版。当然，除了“造势”有功，还得说人家那书确实不错。

马尔克斯在因《百年孤独》成大名之前，已经写出了他最好的小说《格兰德大妈的葬礼》，但他的名气只限于文学小圈子，比起写作年龄比他短、年纪也比他轻的略萨和富恩特斯，名气小多了。可是他结交了一批朋友后，这群朋友教他并帮他“造势”，那情况就不同了。在他还未动笔写《百年孤独》之前，已向出版界大力吹风，说有一部惊人之作将要出现，刚写了几章，就同时在各报发表小说的片断。当小说快要出版时，各大报刊登他的整版访问记，朋友们组织的评论文章连篇累牍。所以，小说后来惊人地畅销，并成为世界名著，也就水到渠成，顺理成章了。

89 统筹全局的策略

统筹全局是做事的策略之一，它包括以下三个方面。

1. 远见卓识

远见出卓识，但是往往远见来之不易。笼统地说，远见是一切用权成功者的必备素质，也是保证用权的持续与延伸的一种先决条件，它要求我们必须将个体与群体、情感与理智、经验与理论、形象与抽象、常规与非常规、科学与常识、静态与动态、横向与纵向、定性与定量、反馈与超前、单向与全方面、系统与辩证等许多个方面结合起来进行综合性的思考。简单地说，远见和卓识来自于我们所具备的较高思想意识水平，善于分析和综合来自各个方面的信息，能够周全而准确地作出判断和决定，能够制定出克敌制胜的计划和战略。

远见卓识要求我们在用权的过程中要从大局出发，既要突出重点，又要兼顾其他各个方面的因素。即不仅要看到眼前的实际情况，而且还要以一种变化的观点去思考和探讨情势的变化，具有辩证的眼光，然后对自己所要从事的工作做出一个周密而详细的计划，再付之于实践。这样我们才能从根本上把握住用权的关键，克敌制胜，使己方立于不败之地。

2. 平衡协调

高明的人就好比出色的钢琴家，不仅要掌握“抓中心”艺术，而且需要有卓越的协调平衡技能，善于统筹兼顾，使权力的各个要素之间相互配合和促进，既要抓紧各个关键环节，集中力量解决主要矛盾，又要紧紧围绕中心，同时安排好其他方面，处理好次要矛盾。

领导不可能是独立地工作的，大多数情况下是众多人为了达到个人或共同的目标而工作着。不幸的是，这些目标不总是协调一致的。这就需要我们运用手段，把各种力量协调起来，以保持均衡，实现我们原定的目标。

3. 目光长远，胸怀全局

管子说：“一曰长目，二曰飞耳，三曰树明。明知千里之外，隐微之中。”

意思是第一要看得远，第二要听得远，第三是做到明察千里之外的情况和隐微之中的深情。这就是说，成功的决策者既要高瞻远瞩，又要明察秋毫，也就是胸怀全局。三国时期的诸葛亮就是这样一个人。

诸葛亮是汉司隶校尉诸葛丰后裔。由于父亲早亡，诸葛亮与其弟诸葛均跟随叔父诸葛玄迁居南阳。诸葛玄去世后，诸葛亮便在南阳隆中建一草庐，躬耕田亩。当时刘备求贤若渴，带着关羽、张飞二人三顾茅庐，才得与诸葛亮相见。刘备对诸葛亮说："今汉室倾危，奸臣当道，皇上蒙尘，备自不量力，欲复兴汉室。只为自己智术短浅，迄无所成。然我志犹未已，今得遇先生，望乞赐教。"诸葛亮答道："自董卓专权以来，群雄并起，四方扰攘。曹操与袁绍相比，虽名微力寡，可曹操终究会将袁绍打败，转弱为强，这虽说依赖于天时，也取决于人谋。今曹操已拥兵百万之众，且挟天子以令诸侯，此人不可与其争锋。孙权据有江东，已历三世，国险民附，贤能之士乐于为其效命，国力稳固，不可轻图，只可与其结盟，以作外援。荆州北据汉沔，东连吴会，西通巴蜀，自古以来即是用武之地，而其地未有得主，此乃天赐将军之良机，未知将军可有意否？再则益州乃是险塞之地，沃野千里，向来称为天府之国，高祖得此地而成帝王之业。今刘璋暗弱，张鲁在北，虽民殷国富，却不知存恤，草野智士，渴得明君。将军是帝室之胄，思贤之心若渴，广招天下英雄，信义四海皆闻。若得荆益两地，据险自守，西和诸戎，南抚夷越，外结孙权，内修政理，静观天下之变，即可命一上将，率荆州之军向宛洛进发，将军自领益州兵马去向秦川，天下百姓都会箪食壶浆，欢迎将军。若这样做，霸业必成，汉室将兴也。"

诸葛亮身处茅庐，却胸怀天下，将当时的形势分析得清清楚楚。这一番宏论，令刘备茅塞顿开，连连称善。

90 图谋致远的策略

俗语云："人无远虑，必有近忧。"

站得高，看得远，对事物发展趋势作出科学预见，这是决策者应具备的素质之一。

在美国有一家田纳西锡制品公司，它的成功与发展就是这样一个图谋致远的优秀范例。

田纳西锡制品公司制造并销售各种锡制品，包括客厅摆设、餐桌用具、装饰品、玩具等。公司创办人卡尔·邓恩通过制定一系列策略，使得公司逐渐在市场中立稳脚并获得了长足的发展。

公司取得一笔政府经济发展贷款后，从新英格兰诸州分别买来各式机器用具，如青铜模型、钢制卡盘、切削车床、铸造用具等。人员培训用了6个月。正式生产后的8个月里，平均每月销售额4000多美元。生产问题基本解决了，但面临着推销产品的困难局面。公司的计划是尽快达到年销售额10万美元，可是如何着手呢?

美国建国200周年大庆之后，人们重新燃起了思古幽情。(所谓的古，在美国这个年轻的国度里，无非指的是18世纪末美国独立战争前后一段历史时期。)锡制品为主的各式"仿古"摆设、器皿、装饰重新受到欢迎，市场销售总额迅速上升。过去4年中销售总额的年增长率，根据产品品种不同，都在10%~20%之间，增长率相比于大多数工业制品算是够快的。行业市场预测以后每三四年销售总额将会翻番，亦即每年增长率在18%~24%之间。

关于锡制品市场的资料并不充分，因为市场相对较小而且发展显然很快。就现有资料来看，两家最大的制造销售厂家当推马里兰州巴尔的摩市的斯蒂夫公司和康涅狄格州梅里登的国际公司，其次是马里兰州安妮公主镇的外国顾客服务公司，第四家大公司是康涅狄格州的伍德伯里锡制品公司，再有就是该州的鲍德曼公司。美国锡制品市场除上述五家较大公司外，尚有女王艺术品、帝国、花园等六家公司，销售额少的20万美元，多的30万美元不等。由此可知田纳西锡制品公司面临的竞争局面和起步的艰难。

田纳西锡制品公司在最初形成产品系列过程中，继承了传统的设计和古典的形象。起初推出的42个产品尤其侧重历史上沿袭下来的产品特点和适应现代社会生活的实用性，既千姿百态又使用方便，既古朴典雅又大方俊秀。

但另一方面，田纳西锡制品公司的产品系列集中表现了小生产经营模式的脆弱，缺乏适应现代化大生产的独创意识、独有产品和服务。创新时效差本来不是锡行业的主要问题，田纳西锡制品公司这方面的缺陷是传统继承特色不够浓，传统基础上的创新产品数量少，创新技艺水平也无明显体现。产品制作方面如此，销售服务方面尤显乏力。

该公司没有安排过公共媒介广告运动。寄给销售代理的所谓促销宣传品，只不过是几张画有几种产品的白纸，旁注名称和代号，外加一句“款到立即发货”。其实这一句也是空话，因为许多拟议中的客户回寄的只是“留待将来交付的订货”单子，公司无法据此提供迅速而又完整的发货业务。另外，未能及时发货使得数宗大笔买卖也付之东流。

价格政策也是田纳西锡制品公司面临的一大棘手难题。邓恩的“价格政策”实际上非常简单、原始，最高愿望是在成本基础上加收50%作为销价。这一比例本来是许多行业的标准做法，但邓恩的关键问题是他并不清楚自己产品系列的成本细节，所谓价格政策其实是跟在市场同行公司的后面低价竞争，难以摆脱被动局面。

田纳西锡制品公司今后三至四年的主要目标，是形成紧凑高效的生产能力，建立逐渐扩大销售的代理网络，期望销售总额增长率每年达到20%。经过核算和咨询，邓恩认为应该做的三件主要工作按顺序应是销售代理网，产品质量关和生产效益关。如果指望公司稳定发展，原定每年销售10万美元远远不够，而应定为每年15万美元。

田纳西州立大学工业服务中心为邓恩的公司提供咨询，内容包括锡制品市场总的局势，田纳西州孟菲斯市经营田纳西锡制品公司产品的零售商的意见综合，以及工厂终极产品在各地销售处的存货情况，最初8个月中各个产品系列的销售情况分析报告等。

邓恩采取的这众多与众不同的策略，使得田纳西锡制品公司迅速适应市场，并及时做出反应。经过几年的发展，田纳西锡制品公司在锡制品领域已站稳了脚跟，成为一支不可忽视的力量。

91 群策群力的策略

中国有句俗话，叫作“一个好汉三个帮”，就是说，一个人能耐再大，要想实现自己的宏伟目标，都必须要找到有实力的帮手。

在组织活动中，我们要想战胜主要的竞争对手，必须随时注意寻找并依靠同盟者。

世界著名“船王”、香港环球集团主席包玉刚，在 20 世纪 80 年代初成功地击败怡和洋行，收购九龙仓，轰动了香港乃至全球，这一收购被认为是“船王”一生中了不起的杰作。

而这次收购得以成功，关键在于包玉刚找到了一位有实力而且可以信赖的同盟者——李嘉诚。

包玉刚 50 年代中期靠一条旧货船“下海”搞远洋运输起家，经过 20 年的艰苦奋斗，到 70 年代中期，一跃登上了“世界船王”的宝座，成为拥有 1800 万吨的庞大船队的世界上最大船运实业家。

然而，“船王”也有受制于人的地方——

在香港，包玉刚的庞大船队没有自己的基地、码头和仓库。当时，香港最重要的九龙码头一直控制在英资怡和洋行旗下的九龙仓有限公司手中。

包玉刚为此吃尽了苦头。在九龙码头，他的船装了货来时被告知没有仓位卸，前往装货的空船又常常找不到停泊位置，包氏因此不仅常挨罚款，信誉也多次受损。

堂堂“船王”处处看人眼色，受窝囊气，终于使包玉刚忍无可忍了，于是倾尽全力同怡和洋行展开了一场九龙仓争夺战。

当然，怡和洋行绝非等闲之辈，在香港的英资四大行中，怡和稳坐头把交椅，称霸港埠已逾百年。而九龙仓有限公司则是怡和的心肝宝贝。怡和通过九龙仓公司，控制着香港最大的货运码头和货柜场地。

面对强有力的对手，包玉刚制订了一套严密的战略计划。其中第一步就是寻找同盟军，孤立对手，壮大自己的力量，为最后决战做好准备。

其时，香港商界还有一个巨头——大地产商李嘉诚，也在觊觎九龙仓，他已暗中吸入2000万股九龙仓股票，且李嘉诚为斗倒怡和也有与包玉刚结盟之意。

包玉刚认为，李嘉诚是他要寻找的最佳合作者，因为李嘉诚不仅实力雄厚，而且也是炎黄子孙，同英资财团较量，李嘉诚是可靠而有力的同盟军。

于是，在1978年9月下旬的一天，包玉刚邀李嘉诚到香港希尔顿饭店的一间豪华客房里，开始商谈联手斗怡和的事情。

寒暄过后，包玉刚单刀直入，切入主题："我是想同你合作。虽然我们经营范围不同，但是，有时手上的东西，可以用来帮助、支持朋友的。比如，我现在握有'和记黄埔'9000万股，用来帮你解决目前的困难，不是很有用吗？而你手中的2000万股九龙仓股票，对我来说也极为重要。"

李嘉诚一下子什么都明白了，他高兴地说："是啊，听说你的货船在九龙仓经常遇到麻烦，吃了很多罚款，我很为你鸣不平。九龙仓对你来说的确十分重要，而'和记黄埔'对我来说则最为关键。我们互相帮助，固然对彼此都有利，可是，惭愧得很，我只有2000万股九龙仓，与你的9000万股'和记黄埔'相比，实在太微不足道了……"

包玉刚不等李嘉诚说完，大度地一挥手："不用说了，朋友帮忙，只要尽力就行。"

李嘉诚大喜。对他来说，作为地产商，九龙仓固然重要，但毕竟是可有可无的，而"和记黄埔"则是他处心积虑要得到的宝贝。现在，包氏愿以9000万股支持他夺取"和记黄埔"，在这种情况下退出九龙仓争夺转而支持包玉刚，对他来说是合算的。因而李嘉诚爽快地对包玉刚说："那好吧，我就厚着脸皮占你的便宜了。不过，以后凡属九龙仓的事，只要你来个电话，我李某人必然尽力而为。"

"一言为定。"

"一言为定。"

短短20分钟的会晤，使包玉刚的第一步也是最关键的一步取得了成功。他找到了一位可靠而有实力的同盟者。

随后，包玉刚以每股7.1港元的价格，将所持9000万股"和记黄埔"全数转让给李嘉诚，同时以每股36港元的价格，从李氏手中购入2000万股九龙仓股票，一举掌握了九龙仓股份的18%，从而取得了与怡和平起平坐的地位，为这场争夺战的最后胜利打下了坚实的基础。

此后，包玉刚又经过一年多的精心准备，在 1980 年 6 月 24 日，动用令人惊异的 21 亿港元的巨额现金，以迅雷不及掩耳之势，打败了怡和，完成了夺取九龙仓的壮举。

总之，一个人仅凭个人的智慧是无法完成领导工作的，历史上由于故步自封、偏执、自满而遭到失败的例子不胜枚举，善于统领大局的人总是能够利用集体的智慧，群策群力以获取胜利。

明太祖朱元璋农民出身，当过放牛娃，做过小和尚，拉起队伍后，他认真听取属下意见，十分注意笼络文人，群策群力，终成大事。

文人冯国用来投，向他提出两条，一是不能带着队伍老是东走西转，可以去夺取龙盘虎踞的建康（南京）做根据地；二是不要贪婪女子玉帛，要为民多做好事，争取民心。朱元璋见说得有理，便收冯国用入幕府，成为谋士。后有李善长来投，对朱元璋说："汉高祖（刘邦）家乡在沛，离您家乡凤阳不远吧？他的家庭和您的家庭不是一样低微吗？他能成为汉高祖，将军也定能夺得天下。"朱元璋"心有灵犀一点通"，至此便拿刘邦作榜样。当然出此高见的李善长也被留下来，封官为掌书记。就这样，朱元璋招纳了十几个文人作为谋士，给以优厚待遇，专门为他们建立了"礼贤馆"。

也正是礼贤馆中众谋士提出的谋略，使朱元璋一步步走向成功之路。其中最重要的是老儒朱升所提的"高筑墙，广积粮，缓称王"。朱升提此建议时，朱元璋刚攻下南京，立足未稳，力量还弱，地盘尚小，还不足以与其他各路反元兵马较量。此时，"高筑墙"可站稳脚跟，加强自己的防御力量，以免被敌人吞掉；"广积粮"，注意经济建设，积蓄物质力量，维持一时还不能取胜的战争；"缓称王"则可避免过早称王称霸，扯旗放炮，树敌过多，招人嫉妒和打击。朱元璋用这三句话作为自己的战略方针，赢得了最后胜利，建立了明王朝。

92 明察秋毫的策略

世界上的事物总是不断变化的，但事物的变化又总是从量变开始的，因此聪明的人总是能够深谙此中之道，能够通过仔细观察事物进而了解事物的来龙去脉，了解事物的发展变化——乃至微小的变化，从而制定和决定相应的对策与方法。别人尚未动手之前，已料其先机，怎能不立于不败之地呢？

下面两则故事也许会给你许多启示。

明代的夏翁是江阴县的大族，曾坐船经过市桥，有一个人挑粪倒入他的船中，溅到夏翁的衣服上。此人是旧识，童仆们很生气，想打他。

夏翁说：“这是因为他不知情，如果知道是我，怎么会冒犯我呢？”

因此用好话把他遣走了。

回家后，夏翁翻阅债务账册查索，发现，原来这个人欠了钱无法偿还，想借激怒夏翁来求得一死，夏翁因此撕毁契券。

同类的一个故事发生在长洲开钱庄营生的尤翁的身上。岁末的时候，他听到门外有吵闹声，出门一看，原来是邻居在和店里伙计争吵。

伙计上前向尤翁诉说：“此人拿着衣服来典押借钱，现在却空手前来赎取，而且出口骂人，有这种道理吗？”

此人骠悍不驯，尤翁便慢慢地告诉他说：“我知道你的心意，不过是为了新年打算而已，这件小事何必争吵呢？”

于是尤翁命令家人检查他抵押的物品，共有四五件衣服。尤翁指着棉衣对他说：“这件是御寒所不可缺少的。”

他又指着一件长袍道：“这件给你拜年的时候用，其他不是急需的，自可以留在这里。”

这个人拿着两件衣服，默默地离去了，但是当夜竟死在别人家里，讼案长达一年之久。原来这个人负债太多，本来就准备服毒自杀，以为尤翁有钱，可以欺诈，既然骗不到，就转到别人家里去了。

有人问尤翁为什么事先知道而强忍着，尤翁说：“凡是别人不合理的对待，一定有所仗恃，小事不能忍，灾祸立刻降临。”

夏翁和尤翁可以说都是明察秋毫、料事及先的高手。也正因为他们的敏锐的洞察力使他们避开了不必要的纠纷和麻烦。在现实生活中，我们所面临的麻烦和挑战要比他们多得多。因此，向夏翁和尤翁学习一点明察秋毫的本领，是很有必要的呀。

93 审时度势的策略

古今中外历史上都不乏靠举措适时而获巨大成功和胜利的事例，同样，因坐失良机而丢掉大好局面，甚至国破身亡的事例也不胜枚举。历史上的教训和经验说明我们做事不可不三思而后行啊。

冯景禧，1922年出生于广州市一个商人家庭，他没有读完中学，16岁就到香港卑利船厂学生意，随后又在广州、香港当过货币兑换店的跑腿，还与人合作经营酒楼，从事外汇和黄金买卖。1948年，他从香港运鱼苗往台湾销售，鱼苗在运输途中死掉。他在台湾买了一批香蕉运回香港，船在从台湾往香港途中遇上了风暴，被风吹离了原定航向，大部分香蕉烂掉。一次次的失败使冯景禧冷静了下来，他把他的大部分精力都用于对问题的思考，而不是一味地贸然前进。20世纪50年代到60年代，香港房地产蓬勃发展，冯景禧与友人开办了新鸿基地产公司，成为香港规模较大的一家地产公司。1967年，冯氏曾想移居加拿大，但到加拿大去了一次之后，他又回到了香港，在香港开始了他的第二次飞跃。1969年，冯景禧创办了新鸿基证券公司。同年在新成立的远东股票交易所得到了一个席位，这个席位使新鸿基证券公司的股票能够上市交易。冯景禧还广泛吸收存款，代理客户财务，投资、买卖证券、外汇和黄金，在其他股票经纪公司集中力量为大客户服务的时候，新鸿基证券公司却着力于为小户、散户等效劳，为他们买卖股票，集中了小户、散户的资金，使新鸿基证券公司成为香港股票市场一支举足轻重的足以左右股票价格的力量，业务日益兴旺。80年代后期，这家创业时只有几名职工的经纪行，一跃而为上千职工的大公司。现在，新鸿基与美国、法国等建立了合作关系，在伦敦、马尼拉、纽约、北京开设了办事处。

冯景禧从一个一文不名的小学徒成长为一个世界级的经济强人，绝对不可能是巧合，而只能说是抓住了机遇。早年的冯景禧历尽挫折，一次次的失败给他注射了一剂“清醒针”，使他由一个单纯的商人转变成为一个冷静的思考者，他从钱与钱的交易中退了出来，作为一个旁观者，冷静地思考时局，为自己的下一步制定方略。“不经历风雨，怎么见彩虹。”失败教会了冯景禧如何去面对风险，如何思考问题。

当然，把握时机只是事物发展的外因，要实现成功还得要实现内外结合，一个正确的经营方式才是实现成功的关键所在。如果冯景禧不是另辟蹊径，对散户和小户开展业务，而只是一味地对大户开展业务，我们可以想象，他可能陷入恶性竞争而难以自拔，很难形成自己的特色。因此在把握时机时，重点还要实现经营方式的突破，包子不光要皮好看。

另外，机会总是稍纵即逝的，而抓住机会使之成为巨大的转折点，不仅需要对机会敏锐的“嗅觉”，也需要利用机会的魄力。

三国时期的袁绍集团，其实力在诸雄中首屈一指，被公认为最有希望问鼎天下。袁绍麾下，谋士如云，战将如林。但是由于袁绍的“多谋少决”，官渡一战，却败于曹操之手。“多谋少决”，是缺乏判断力的表现，这对一个统帅或决策人物来说，是致命的弱点。

袁绍手下谋士如云，这是一个极为有利的条件，但一到决策时，众谋士各抒己见，袁绍就失去了主心骨，不知取舍，优柔寡断。

刘备是当时袁绍潜在的竞争对手之一。白马之战中，袁绍听说有位赤脸长须使大刀的勇将（刘备的结义兄弟关羽）斩了他的大将颜良后，大怒，谋士沮授乘机建议除去刘备。此时袁绍指着刘备说：“汝弟斩吾大将，汝必通谋，留尔何用？”说着就要将刘备拉出去斩首。刘备从容地说：“天下同貌者不少，岂赤面长须之人，即为关某也？明公何不察之？”袁绍听后，马上改变了主意，反而责怪沮授：“误听汝言，险杀好人。”遂仍请玄德上帐坐，议报颜良之仇。接着，关羽又杀了袁绍的大将文丑，谋士郭图、审配入见袁绍说：“今番又是关某杀了文丑，刘备佯推不知。”袁绍听后大骂：“大耳贼，焉敢如此。”命令将刘备拿下斩首。刘备又辩解道：“曹操素忌备，今知备在明公处，恐备助公，故特使云长诛杀二将。公知必怒。此借公之手以杀刘备也。愿明公思之。”毫无主见的袁绍听见，竟反过来责备郭图、审配等人：“玄德之言是也。汝等几使我受害贤之名。”袁绍两次欲杀刘备，而刘备都化险为夷，从中可看出刘备的机敏，更可反映袁绍出尔反尔、多谋少决、谋而不断的性格特征。

“多谋少决”，使袁绍失去战机。在官渡之战的相持阶段，许攸曾向袁绍献计：“曹操屯军官渡，与我相持已久，许昌必空虚，若令一军星夜掩袭许昌，则许昌可拔，而操可擒也。今操粮草已尽，正可乘机会，两路击之。”但袁绍却顾虑曹操诡计多端，拒绝了许攸的建议，在最关键时刻贻误了战机。倘若袁绍能够当机立断，抓住有利战机，及时采纳许攸的建议，那么其结果很可能如曹操所说："若袁绍用子远言，吾事败矣。"可见，当断不断，看起来似乎稳妥，实际却潜伏了更大危险。

在现实生活中，往往有许多天赐良机，稍纵即逝。作为决策者，就要善于抓住这些良机，充分利用这些良机。

如何抓住良机呢？这就需要决策者具有果断的素质。所谓果断，是指把经过深思熟虑后的选择，迅速明确地表达出来。果断，说明了决策者的思想高度集中，是他敏锐反应力的体现，他对信息的吸收和消化，对经验的综合和应用，对未来的估计和推测，都能在短时间内完成。

要达到这一点，作为决策者就必须对事件有迅速作出判断和选择的能力，有敢于对事件的过程和后果负责的精神和能力。

94 举重若轻的策略

遇到问题，我们都想找到最好的办法。但是最好的办法并不意味着得来最难。事实上，很多好的办法都很简单，可能就是一个很小的动作就可以让事情逆转。当遇到很糟糕的情况的时候，我们最好的办法无外乎从最简单的方法想起。有的人往往不会用简单的办法，他们追求复杂，他们错误地把复杂理解成为科学和先进。显然，这是有悖于事实的。

1933 年 3 月，罗斯福宣誓就任美国第 32 任总统。当时，美国正发生持续时间最长、涉及范围最广的经济大萧条。就在罗斯福就任总统的当天，全国只有很少的几家大银行能正常营业，大量的现金支票都无法兑现。银行家、商人、市民都处于恐慌状态，稍有一点风吹草动都可能导致全国性的动荡和骚乱。

在坐上总统宝座的第 3 天，罗斯福发布了一条惊人决定——全国银行一律休假 3 天。这意味着全国银行将中止支付 3 天。这样一来，高度紧张和疲惫的银行系统就有了较为充裕的时间进行各种调整和准备。

这个看似平淡无奇的举动，却产生了奇迹般的作用。

全国银行休假 3 天后的一周之内，占全美国银行总数四分之三的 13500 多家银行恢复了正常营业，交易所又重新响起了锣声，纽约股票价格上涨 15%。罗斯福的这一决断，不仅避免了银行系统的整体瘫痪，而且带动了经济的整体复苏，堪称四两拨千斤的经典之作。

罗斯福用这样一种简单方法就能力挽狂澜，而且产生了立竿见影的效果，就是因为他一下抓住了银行——整个“国家经济的血脉”所存在的问题，抓住了整个经济中最重要的问题，并选择了一个最简单易行的方法去解决了。

要学会用最简单有效的办法，不要尝试用过于复杂的办法去解麻团。很多时候，快刀是对麻团的最好解决。也正如亚历山大一刀砍掉绳结一样，通过最简单的办法，他成了世界上最有力量的人。

95 广纳百川的策略

生活的常识是好办法的源泉，从生活的常识出发，往往会有意想不到的收获。固执的人往往凭借着自己的经验，这种经验往往是形成的金科玉律式的教条，认为通过这些便可以解决问题。事实上，问题最高明的解决办法是从生活的常识出发，一切办法来自生活，一切办法又回到生活。

一位十分著名的建筑师建造了一组现代化的办公大楼。这是三幢建设在一大片空地上遥遥相望的大楼，十分漂亮，建筑师超人的艺术素养得到了淋漓尽致的体现。早在大楼轮廓初现的时候，人们已经啧啧赞叹了。

等到大楼快要竣工的时候，工人们问道如何铺设三栋大楼之间的人行道。

建筑师的回答让所有的人大吃一惊："在大楼之间的空地上全种上草。"虽然大家很纳闷，但是出于信任，没有人提出任何异议。一个星期之后，这片空地全部种上了草。

一个夏天过后，在三栋大楼之间和通往外面的草地上，已经被来来往往的行人踩出了若干条小路。有的小路因为走的人多一些，于是比较宽，有的小路因为走的人比较少，于是比较窄。他们蜿蜒伸展，错落有致。

到了秋天，建筑师带领着工人们来了，他让工人沿着人们踩出的路痕铺就了大楼之间和通向外面的人行道，然后在道路两旁种上了树木和花草。

最后，每一个行走在这些道路上的人都赞叹不已，建筑师真的创造了奇迹。

建筑师真的创造了奇迹吗？显然是真的。那么这种奇迹从哪里来？自然是从生活的常识中来。在设计小路的时候，建筑师为了充分考虑到人们通行的习惯方便，他实际上用草地做了一个调研，最后调研的结果就是未来设计的方案。

要开阔思路，掌握全局，就要学会广泛汲取别人的意见和建议，最后集合成为整体的意见和建议，这样的结果是最能让人信服的。

96 阳光比北风更为有力

这则寓言大家都不会陌生吧!

太阳和风在争论谁更强而有力。风说:“我来证明我更行。看到那儿一个穿大衣的老头吗?我打赌我能比你更快地使他脱掉大衣。”

于是,太阳躲到云后,风就开始吹起来了。风越吹越大,但是,吹得越急,老人就越把大衣紧裹在身上。

终于,风平息下来,退却;然后,太阳从云后露面,开始以温和的微笑照着老人。不久,老人开始出汗,脱掉了大衣。这时,太阳对风说:温和与友善总是要比愤怒和暴力更强而有力。

温和与友善比愤怒和暴力更强有力,如果你发起脾气,对人家说出一两句不中听的话,你会有一种发泄感。但对方呢?他会分享你的痛快吗?你那火药味的口气、敌视的态度,能使对方更容易赞同你吗?“如果你握紧一双拳头来见我,”威尔逊总统说,“我想,我可以保证,我的拳头会握得比你的更紧。但是如果你来找我说:‘我们坐下,好好商量,看看彼此意见相异的原因是什么。’我们就会发觉,彼此的距离并不那么大,相异的观点并不多,而且看法一致的观点反而居多。你也会发觉,只要我们有彼此沟通的耐心、诚意和愿望,我们就能沟通。”

用宽容的心,温和友善的态度对待别人,会得到别人更多的尊重和支持。来自长岛花园城的摩尔夫人请了少数几个朋友吃午饭,这种场合对她来说很重要。当然,摩尔夫人希望宾主尽欢。可是总招待艾米,一向是她的得力助手,但这一次却让她失望。午宴很失败,到处看不到艾米,他只派个侍者来招待。这位侍者对第一流的服务一点儿概念也没有。每次上菜,他都是最后才端给她的主客。有一次,他竟在很大的盘子里上了一道极小的芹菜,肉没有炖烂,马铃薯油腻腻的,糟透了。摩尔夫人简直气死了。她尽力从头到尾强颜欢笑,但不断对自己说:等我见到艾米再说吧,我一定要好好给他一点儿颜色看看。

可是,不久摩尔夫人就意识到:即使教训艾米一顿也无济于事。他会变得不高兴，跟我作对，反而会使自己失去他的帮助。于是摩尔夫人试着从他的立场来看这件事：菜不是他买的，也不是他烧的，他的一些手下太笨，他也没有法子。摩尔夫人准备不苛责他，决定以一种友善的方式做开场白，以夸奖来开导他。这个方法效验如神。第三天，当摩尔夫人见到了艾米，他带着防卫的神色，严阵以待准备争吵。摩尔夫人说："听我说，艾米，我要你知道，当我宴客的时候，你若能在场，那对我有多重要！你是纽约最好的招待。当然，我很谅解：菜不是你买的，也不是你烧的。星期三发生的事你也没有办法控制。"当说完这些，艾米的神情开始松弛了。艾米微笑地说："的确，夫人，问题出在厨房，不是我的错。"摩尔夫人继续说道："艾米，我又安排了其他的宴会，我需要你的建议。你是否认为我们再给厨房一次机会呢？""呵，当然，夫人，当然，上次的情形不会再发生了！"下一个星期，当摩尔夫人再度邀人午宴，艾米和她一起计划菜单，他主动提出把服务费减收一半。当摩尔夫人和宾客到达的时候，餐桌上被两打美国玫瑰装扮得多彩多姿，艾米亲自在场照应。即使款待玛莉皇后，服务也不能比那次更周到。食物精美滚热，服务完美无缺，饭菜由四位侍者端上来，而不是一位，最后，艾米亲自端上可口的甜美点心作为结束。

摩尔用友善和诚意的法术，赢得了艾米的真诚回报。

而工程师史德伯也成功地运用了温和友善的方法。他希望他的房租能够减低，但他知道房东很难缠。于是他写了一封信给房东，通知他合约期一满，立刻就要搬出去。事实上，史德伯不想搬，如果租金能减低，他愿意继续住下去，但看来并不可能，因为其他的房客都试过——失败了。大家都对史德伯说，房东很难打交道，但是，史德伯对自己说，不妨试试，看看是否有效。房东一接到史德伯的信，就同秘书来找史德伯。史德伯在门口欢迎他，充满善意和热忱。开始史德伯并没有谈论房租太高，只是强调他多么喜欢他的房子。史德伯真是"诚于嘉许，惠于称赞"。史德伯称赞他管理有道，表示他很愿再住一年，可是房租实在负担不起。房东显然是从未见过一个房客对他如此热情，他简直不知道该怎么办才好。

然后，房东开始诉苦，抱怨房客，其中一位给他写过 14 封信，太侮辱他了。另一位威胁要退租，如果不能制止楼上那位房客打鼾的话。"有你这种满意的房客，多令人轻松啊！"房东赞许道。接着，甚至在史德伯还没有提出要求之前，他就主动减收一点租金。史德伯想要再少一点，就说出了自己能负担的数字，他一句也不说就同意了。

当房东离开时，又转身问："史德伯，有没有什么要为你装修的地方呢？"如果史德伯用的是其他房客的方式要求减低房租的话，我相信他肯定不会成功，最后可能是闹得不欢而散，甚至得搬离这里，但他运用了宽容、友善、同情、理解的方法，他成功地使房租降了下来。

太阳与风的故事是伊索讲述的，他是希腊王克里萨斯宫中的一名奴隶，在公元前600年，讲述了一些不朽的寓言。但他所讲的有关人性的真理适用于任何时候、任何人。

97 淡化自己的优位

从心理学角度来看，所谓淡化优位就是淡化嫉妒：当自己明显比别人强时，你在感情上还是要和大家在一起，这样别人就不会再嫉妒你了，也会认为你是靠自己的努力得来的优位。

1. 介绍自己的优位时，强调外在因素以冲淡优位

你被派去单独办事，别人去没办成，而你却一下子办妥了。这时，你若开口闭口“我怎么怎么”，只能显出你比别人高一筹，聪明能干，而招致妒忌。如果你说“我能办妥这件事，是因为我卖力肯干”，就容易让人觉得你处于优位是理所当然的，因而会妒忌你的能干。但你要说“我能办妥这件事，一方面是因为前面的同志去过了，打了基础，另一方面多亏了当地群众的大力帮助”，这就将办妥事的功劳归于“我”以外的外在因素“前面的同志和群众”中去了，从而使人产生“还没忘了我的苦劳，我要是有群众的大力帮助也能办妥”这样的借以自慰的想法，心理上得到了暂时平衡。“我”在无形中便被淡化了优位。

2. 言及自己的优位时，应谦和有礼以淡化优位

人处于优位自是可喜可贺的事，加上别人一提起一奉承，更是容易陶醉而喜形于色，这会无形中加强别人的妒忌。所以，面对别人的赞许恭贺，应谦和有礼、虚心，这样，不仅显示出自己的君子风度，淡化别人对你的妒忌，而且能博得对你的敬佩。

“小李毕业一年多就提了业务厂长，真了不起，大有前途呀！祝贺你啊！”在外单位工作的朋友小张十分钦佩地说。“没什么，没什么，老兄你过奖了。主要是我们这儿水土好，领导和同事们抬举我。”小李见同一年大学毕业的小王在办公室里，便压抑着内心的欣喜，谦虚地回答。小王虽然也妒忌小李的提拔，但见他这么谦虚，也就笑盈盈地主动招呼小李的朋友小张：“来玩了？请坐啊！”

不难想象，小李此时如果说什么“凭我的水平和能力早可以提拔了”之类的话，那么小王不妒忌死了，进而与小李难以相处才怪。

3. 不宜在优位者的同事、朋友面前特意夸奖优位者

显然，谁都希望处于优位而得到他人的夸奖，但事实上总会有悬殊的差别。当同事、朋友各方面条件都差不多，其中有人处于优位，别人若不提及，有时还不觉得，一旦有人提起，其他人听了就不好受，难免会妒火中烧。所以，作为不会对此妒忌的旁人，一定不要在优位者的同事、朋友等多人面前特意夸奖优位者。否则，不仅会引发和加强其对优位者的妒忌，还可能同时妒忌你与优位者的“密切关系”。

某单位宣传部干事小张在较有影响的报刊上发表了几篇理论文章。团委小高在工会宣传干事小王面前羡慕地夸奖道：“小张真不错，最近又有一篇文章在某某刊物上发表了！”小王顿时敛住笑容，酸溜溜地说：“他有那么多闲工夫，发两篇文章有什么了不得了？哼！”小高见状，自知失言，让小王觉得挂不住脸了，只好尴尬地点头笑了笑，走出工会办公室。这里，小高就是犯了大忌：在可能产生妒忌的敏感区偏偏又增添了引发妒忌的“发酵剂”。

4. 突出自身的劣势，故意示弱以淡化优位

如同“中和反应”一样，一个人身上的劣势往往能淡化其优势，给人以“平平常常”的印象。当你处于优位时，注意突出自己的劣势，就会减轻妒忌者的心理压力，产生一种“哦，他也和我一样无能”的心理平衡感觉，从而淡化乃至免却对你的妒忌。

比如，你是大学刚毕业的新教师，对最新的教育理论有较深的研究，讲课亦颇受同学欢迎，以至引起一些任教多年却缺乏这方面研究的老教师的强烈妒忌。这时，你若坦诚地公开、突出自己的劣势：教学经验一点都没有、对学校和学生的情况很不熟悉等等；再辅以“希望老教师们多多指教”的谦虚话，无疑会有效淡化自己的优位，衬出对方的优位，减轻弱化老教师对你的妒忌。

5. 不要当众说“我们怎么怎么”，而给人以“厚此薄彼”之嫌

在众人面前谈某群体中的某人时，你若说“我们很要好”“我俩情同手足”“我和你们单位的某某交情很深”之类的话，对方很容易产生“你厚他薄我”的冷落感。因为这种复数关系称谓具有明显的排他性，对方会觉得被你称为“我们”中的人员是优位的而滋生妒忌。

6. 强调获得优位的“艰苦历程”以淡化妒忌

通过艰苦努力所取得的成果很少被人妒忌的，如果我们处于优位确实是通过自己的艰苦努力得到的，那么不妨将此“艰苦历程”诉诸他人，加以强调以引

人同情，减少妒忌。

比如，在邻居、同事还未买电脑的时候，你却先买了。为了免受“红眼”，你可以这么说：“我买这台电脑可不容易。你们知道我节衣缩食积攒了多少年吗？整整六年啊！辛苦啊！我们夫妻俩都是低工资，一毛钱一毛钱地攒，连场电影都舍不得看，太难了……”听了这些话，对方就很难产生妒忌之心，相反，或许还会报以钦佩的赞叹和由衷的同情。

7. 切忌在同性中谈及敏感的事情

女性之间的妒忌多半因容貌而起。女人爱妒忌，妒忌可以说是女人的明显特征之一。而女人又往往因为容貌姿色才处于优位。所以，女人对容貌、衣着以及风度气质所带来的爱情生活、夫妻关系等相当敏感，很容易产生妒忌。比如，一个姑娘因有一张漂亮的脸蛋而被不少小伙子包围着，那些容貌平平的没有人追求的姑娘，自然会对她产生妒忌。这时，你作为男性，千万不要在女性之间当面夸赞其中某一姑娘：“某某真漂亮！”“某某的穿着打扮真时髦！”“某某的气质太迷人了！”“某某的男朋友我见过，特帅，特有魅力！”这不仅会引起其他女性的妒忌，而且会对你产生一种莫名的敌意。

男性之间的妒忌大多因名誉、地位、事业所致。男人对社会活动能力、工作业绩、创造手段等最为关注，也最易导致相互妒忌。比如，某人升了职而赢得不少漂亮姑娘的追求，某人因才华出众、能说会道而显身扬名等等，都会受到身边其他男人的妒忌。因此，在男性之间，作为女人的不宜当众评头论足，说什么“某某真能干！”“某某女朋友真标致！”“某某和你一块来的吧？现在已经是厂长了！”尤其作为妻子，更不宜有所比较地奚落自己的丈夫：“你看人家小王，学理科的出身，却发表了那么多的小说，稿费一拿就是几万块！亏你还是学中文的！”如此，就是再敦厚的人也会生出对他人的妒忌之心来，导致家庭、邻里、同事之间关系的僵化和冷漠。

98 锋芒不要太露

孔子曾经拜访过老子，向他问礼。智者告诫仁者说：一个聪明而富于洞察力的人身上会潜藏着危险，那是因为他喜欢批评别人。雄辩而学识渊博的人也会遭遇相同的命运，因为他暴露了别人的缺点。所以，一个人还是有所节制为好，采取谨慎的处世态度，不可处处占上风。

世上的高人往往其貌不扬，由于不太抢眼，可以避免别人的注意力，所谓真人不露相，露相非真人；练就一笔好字的人谎称不会书法，这样可以推掉许多违心的差事；力大无比的人往往装成手无缚鸡之力，紧急时才能够出乎意料地打败来犯者。做人，锋芒太露，就等于把自己的底细给对方交代得一清二楚，一旦交起手来，就首先输掉了一半，实难收到突见奇功的效果。

但做人又不能不露锋芒或藏而不露。不露锋芒、藏而不露，总给人一种遮遮掩掩、躲躲藏藏的感觉，让人觉得你这人虚伪无比。不可不露，却又不能太露或乱露，那就只有深藏不露。深藏不露的真谛就在于，不刻意显露。有能力终究是要露出来的，只要时机、地点、人事三者合适。如果有一样不合适，那就不要乱露，以免招来不必要麻烦，徒然增加自己的苦恼。

这种深藏不露的处世智慧与西方张扬个性注重表现有所不同。西方教育注重“表现”，主张“有能力就要表现出来，有一手就要露出来”，否则和没有能力没有什么两样。西方人不但好表现，到处表现，而且还要随时告诉别人自己表现了些什么东西，甚至随身携带一些以资佐证的物件，证明自己确实如此。

中国人当然也明白“表现”的道理，知道“老虎不发威，很容易被当作病猫”。不过我们更了解“虎落平阳被犬欺”的惨痛苦境，在表现之前，先做好“等到达那里，先打听一下当地的情况，再做打算”的准备工作。所以两者的区别不在于表现不表现，而是怎样表现。前者是舍身哲学，主张能露就露，露光了就走路，后者是守身哲学，主张先打听一下，看一看露到什么程度最合理，然后才合理地显露。

深藏不露是为了看一看有没有比自己更合适的人走出来。若大家都争着要露，特别是那些才能平庸又缺乏自知之明的人，其结果只能是埋没了真正的有才华的人，阻了他们的道。不强出头，其实就是在不应该自己出头的时候，千万不要出头，一定要出头不可，也应该设法让别人先出头。万一让不过，才抱着我是不得已而为之的心情来出头。当然，没有什么本领的人无需讲究什么深藏不露。因为自己很平庸，就算利用深藏不露来“藏拙”，充其量也只能隐瞒一时，最终会被人识破，结果原形毕露。

99 记住别人的名字

名字能使人出众，它能使人显得独立。我们的要求和我们要传递的信息，都必须从我们的名字这里着手，这就显得名字特别的重要。

1898 年，纽约的洛克兰郡石点镇发生了一场悲剧。有个小孩已经死了，而在这特别的一天，邻人们正准备去参加葬礼。吉姆 · 法里走到马房，去拉他的马。地上积着雪，寒风凛冽；那匹马好几天没有运动了，当它被拉到水槽的时候，欢欣鼓舞起来，把两腿踢得高高的，结果吉姆 · 法里被踢死了。因此这个小小的石点镇，那个星期办了两个葬礼。

吉姆 · 法里留下了一个寡妇和三个孩子，以及几百块钱的保险金。

他的长子吉姆才只有 10 岁，为了家中的生活，就去一家砖厂做工，他把沙土倒入模子里，压成砖瓦，再拿到太阳下晒干，吉姆没有机会受更多的教育，可是他有爱尔兰人达观的性格，使人们自然地喜欢他，愿意跟他接近。他后来参政多年后，逐渐养成了一种善于记忆人们名字的特殊才能。

吉姆没有进过中学，可是到 46 岁时已有 4 个大学赠予他荣誉学位。他当选为民主党全国委员会主席，担任过美国邮务总长。

有一次，有记者去采访吉姆先生，向他请教成功的秘诀。他简短地告诉记者："苦干！"记者显然对这个回答不满意，就再次请教。吉姆就让记者分析他成功的原因，记者说他知道吉姆能叫出一万个人的名字来。

吉姆对此进行了纠正，他说他大约可以叫出五万个人的名字。

请大家千万不要小瞧了这一点。这项能力，使吉姆帮助富兰克林、罗斯福进入了白宫。

在小吉姆 · 法里为一家石膏公司到处推销产品的那几年，在他身为石点镇上一名公务员的那几年间，他建立了一套记住别人姓名的方法。

开始的时候，只是一个非常简单的方法。每次他新认识一个人，就问清楚他的全名，他家的人口，他干什么行业，以及他的政治观点。他把这些资料全部记在脑海里，而第二次他又碰到那个人的时候，即使是在一年以后，他还是能够拍拍对方的肩膀，询问他的太太和孩子，以及他家后面的那些蜀葵。难怪有一群拥护他的人！在罗斯福竞选总统的活动展开之前的几个月中，吉姆一天要写数百封信，分发给美国西部、西北部各州的熟人、朋友。而后，他乘上火车，在十九天的旅途中，走遍美国20个州，经过一万两千里的行程。他除了火车外，还用其他交通工具，像轻便马车、汽车、轮船等。吉姆每到一个城镇，都去找熟人作一次极诚恳的谈话，接着再赶往他下一段的行程。当他回到东部时，立即给在各城镇的朋友每人一封信，请他们把曾经谈过话的客人名单寄来给他。那些不计其数的名单上的人，他们都得到吉姆·法里的信函，那些信都以“亲爱的比尔”或“亲爱的佐”作开头，结尾总是签上“吉姆”。

小吉姆·法里在早年就发现，一般人对自己的名字比对地球上所有的名字加起来还要感兴趣。记住人家的名字，而且很轻易就叫出来，等于给予别人一个巧妙而有效的赞美，若是把人家的名字忘掉，或写错了——你就会处于一种非常不利的地位。卡耐基有一次在巴黎开了一门公开演讲的课程，发出复印的信件，给所有住在该地的美国人。那些法国打字员显然不太熟悉英文，自然在打上名字的时候就打错了。有一个人，巴黎一家大的美国银行的经理，写了一封不客气的信给卡耐基，因为他的名字被拼错了。

有时候要记住一个人的名字真是难，尤其当它不太好念时，一般人都不愿意去记它，心想：算了！就叫他小名好了，而且容易记。锡得·李维拜访了一个名字非常难念的顾客，他叫尼古得玛斯·帕帕都拉斯，别人都只叫他“尼克”。李维告诉我们说：“在我拜访他之前，我特别用心地念了几遍他的名字。当我用全名称呼他：‘早安，尼古得玛斯·帕帕都拉斯先生’时，他呆住了。过了几分钟，他都没有答话。最后，眼泪滚下他的双颊，他说：‘李维先生，我在这个国家十五年了，从没有一个人会试着用我真正的名字来称呼我。’”

姓名是个人的符号，它蕴含着人类的自尊、个性与自由。人们在随手写字的时候，总是信笔写下自己的名字，就证明了这一点。尊重一个人莫过于尊重他的名字。

卡耐基是“钢铁大王”，但他对钢铁制造知之甚少，却大发其财，因为他巧妙地对“名字”加以运用。例如，他希望把钢铁轨道卖给宾夕法尼亚铁路公司，而艾格·汤姆森正担任该公司的董事长。因此，戴尔·卡耐基在匹兹堡建立了一座巨大的钢铁工厂，取名为“艾格·汤姆森钢铁工厂”，这样他就成功了。

这个方法太灵验了！卡耐基一辈子也忘不了。

人们都重视自己的名字，并尽量设法让自己的名字流传下去，甚至愿意付出任何的代价，即使牺牲也在所不辞。波那姆先生是一位饱经世故的老人，因为没有儿子延续他的名字而感到遗憾，所以他情愿给他外孙子希勒两万五千元的代价，如果他愿意把自己称作波那姆·希勒的话。

多数人不记得别人的名字，只因为不肯花必要的时间和精力去专心地、重复地、无声地把这些名字根植在他们的心中。他们为自己造出借口：我太忙了。

但他们可能不会比富兰克林·罗斯福更忙，而他却花时间去记忆，而又说得出每个人的名字，即使是他只见过一次的汽车机械师。

当张伯伦把汽车公司为罗斯福制造的汽车送进白宫，张伯伦到白宫的时候，总统显得特别愉快，他直呼张伯伦的名字，这让张伯伦感到十分欣慰。当罗斯福的朋友们和白宫的官员们赞美这部车子时，罗斯福又真诚地称赞了张伯伦，为他的付出表示了衷心的感谢。张伯伦把驾驶方面的事情讲过后，总统才去会见客人。

后来张伯伦带了一位技工去白宫，并把他介绍给罗斯福总统。技工并没有同总统谈话，罗斯福总统只听到过一次他的名字。技工是个怕羞的人，躲在后面，但当他们要离去时，总统找到这个技工，跟他握手，叫他的名字，并感谢他来华盛顿。总统对这个技工的致谢，并非出于表面，而是真诚用心。

张伯伦回到纽约之后，收到了一张罗斯福总统的签名照片，以及谢辞，再度谢谢他的帮忙。“他怎么有时间做这件事，对我来说是一项神秘。”张伯伦说。

富兰克林·罗斯福知道一个最单纯、最明显、最重要的得到好感的方法，就是记住别人的姓名，使别人觉得重要。但我们有多少人这么做呢？

一名政治家所要学习的第一课是：“记住选民的名字就是政治才能，记不住就是心不在焉。”

记住他人的姓名，在商业界和社交上的重要性几乎跟在政治上一样。

法国皇帝，也是拿破仑·波拿巴的侄儿——拿破仑三世得意地说，即使他日理万机，仍然能够记得每一个他所认识的人。

他的技巧非常地简单，如果他没有清楚地听到对方的名字，就说：“抱歉，我没有听清楚。”如果碰到一个不寻常的名字，他就说：“怎么写法？”

在与别人谈话中，他会不厌其烦地把对方姓名反复地记忆数次，同时在他脑海中把这人的姓名和他的脸孔、神态、外形连贯起来。如果这人对他是重要的，拿破仑就更费事了，在他独自一人时，他会把这人的姓名写在纸上，仔细地看着、记住，然后把纸撕了。这样一来，他眼睛看到的印象，就跟他听到的一样了。

这一切都要花时间，但很“礼貌”，爱默生说：“良好的礼貌是由一些小小的牺牲组成的。”

能够牢记结识的所有人物的姓名，是一项重要的人际交往能力。即使是只有一面之缘，如果你能够随时随地准确地称呼他的姓名，是对他最大的恭维和赞赏。

我们应该注意一个名字里所能包含的奇迹，并且要了解名字是完全属于我们交往的这个人，没有人能够取代。

100 尽快同意反对你的人

两千年以前，耶稣说过："尽快同意反对你的人。"

在耶稣出生的两千多年前，埃及阿克图国王给予他儿子一些精明的忠告。今天我们极为需要这项忠告。阿克图国王说："圆滑一点。它可使你予求予取。"

换句话说，不要跟别人争辩。别说他错了，也不要刺激他，但要运用一点交际技巧。因此，如果你要使别人同意你，切记："尊重别人的意见，切勿指出对方的偏激。"

不论你用什么方式指责别人，直接打击了他的智慧、判断力、荣耀和自尊心，只会使他想反击，但绝不会使他改变心意。即使你搬出所有柏拉图或康德的逻辑，也改变不了他的看法，因为你伤了他的感情。

所以，永远不要这样开场："好，我证明给你看。"这句话等于是说："我比你更聪明。我要告诉你一些事，使你改变看法。"

这是一种挑战，会挑起争端，在你尚未开始之前，对方已经准备迎战了。

笛尔是一位建材商人，他的竞争对手到处散布笛尔的公司信誉不好，材质低劣，即将破产，致使笛尔丢失了一份 10 万块砖的订单。笛尔对别人解释说他并不认为对手会严重伤害到他的生意，但是这件麻烦事使他心中生出无名之火，真想"用一块砖来敲碎那人肥胖的脑袋作为发泄"。

事很凑巧，这一天，笛尔接到一个建材商要一批建筑用砖，他提出的型号自己公司里没有，而说自己坏话的竞争对手那里却有。"同时我也确定那位满嘴胡言的竞争者完全不知道有这笔生意机会。"这使笛尔感到为难，是告诉对手这项生意的机会，还是按自己的意思去做，让对方永远也得不到这笔生意？

最终，笛尔还是拿起电话拨通了那位竞争对手的家里，接电话的人正是那个对手本人，当时他拿着电话，难堪得一句话也说不出来，笛尔还是礼貌地直接告诉他有关弗吉尼亚州的那笔生意。结果，那个对手很是感激笛尔。

笛尔说："我得到了惊人的结果，他不但停止散布有关我的谎言，而且甚至还把他无法处理的一些生意转给我做。”

笛尔的心情也比以前感到好多了，他与对手之间的阴霾也获得了澄清，俩人的关系也向着友好一面迅速发展。

如果你想学习一些有关做人处世、控制自己、增进品格的理想建议，那你就向富兰克林学习吧，他是美国历史上最能干、最和善、最擅长交际的外交家。

当富兰克林还是年轻人时，有一次，一位老人严厉地批评了他一顿，说：“你真是无可救药。你已经打击了每一位和你意见不同的人。你的意见变得太珍贵了，弄得没有人承受得起。你的朋友发觉，如果你不在场，他们会自在得多。你知道得太多了，没有人能再教你什么，没有人打算告诉你些什么，因为那样会吃力不讨好，又弄得不愉快。因此你不可能再吸收新知识了，但你的知识又很有限。”

富兰克林的优点之一是，他接受了那次惨痛的教训。他已经够成熟、够明智，以至能领悟也能发觉他正面临社交失败的命运，他立即改掉傲慢、粗野的习性。“我立下一条规矩，”富兰克林说，“决不正面反对别人的意见，也不准自己太武断，我甚至不准许自己在文字或语言上措辞太肯定。我不说‘当然’‘无疑’等，而改用‘我想’‘我假设’或‘我想象’一件事该这样或那样，或者‘目前看来是如此’。当别人陈述一件我不以为意的事时，我绝不立刻驳斥他，或立即指正他的错误。我会在回答的时候，表示在某些条件和情况下，他的意见没有错，但在目前这件事上，看来好像稍有两样等等。

“我很快就领会到改变态度的收获：凡是我参与的谈话，气氛都融洽得多了。我以谦虚的态度来表达自己的意见，不但容易被接受，更会减少一些冲突；我发现自己有错时，也没有什么难堪的场面，而我碰巧是对的时候，更能使对方不固执己见而赞同我。”

“我一开始采用这套方法时，确实觉得和我的本性相冲突，但久而久之就愈变愈容易，愈像我的习惯了，而也许五十年以来，没有人听我讲过些什么太武断的话。（我正直品性下的）这个习惯，是我在提出新法案或修改旧条文时，能得到同胞重视，并且在成为民众协会的一员后，能具有相当影响力的重要原因。因为我并不善于辞令，更谈不上雄辩，遣词用字也很迟疑，还会说错话，但一般来说，我的意见还是得到广泛的支持。”

101 不要把意见强塞给他人

任何一个人都不喜欢被强迫着去做事或者接受他人的意见。人们都喜欢按自己的心愿去买东西，或是按照自己的意思去做。同时，喜欢有人来征求我们的意见、愿望和想法。所以，我们不能把自己的意见强加给别人，那样会产生一种不利的后果。我们不妨采取一种更好的策略：只向他人提供自己的看法，而由他最后得出结论！

没有人喜欢接受推销，或被人强迫去做一件事。我们都喜欢按照自己的意愿购买东西，或照自己的意思行动，我们喜欢别人征询我们的愿望、需求和意见。

韦森先生在没有研究人类关系学之前，他损失了无数应该获得的佣金。韦森是一家服装图样设计公司的推销员，他几乎每星期都去找纽约某位著名的设计家，这样已经有三年的时间了。然而，每次这位设计家也不拒绝见韦森，而且还总是把韦森带去的图案仔细看一遍，但就是不买。

经过 150 次的失败，韦森体会到自己一定过于墨守成规，所以决心研究一下人际关系的有关法则，以帮助自己获得一些新的观念，找到新的力量。

后来，他采用一种新的处理方式。他把几张没完成的草图夹在腋下，然后跑去见设计师。“我想请您帮点小忙。”韦森说道，“这里有几张尚未完成的草图，可否请您帮忙完成，以更加符合你们的需要？”

设计师一言不发地看一下草图，然后说：“把这些草图留在这里，过几天再来找我。”

三天后，韦森又去他那里，听了建议后，把图样拿回去，按照那位买主的意思画完。这笔交易结果如何？不用说这位买主完全接受了。

那是九个月以前的事，自从那笔生意完成后，这位买主又订了十张图案，都完全是照着他的意思画的，韦森就这样赚了一千六百多元的佣金。韦森说道：“我一直希望他买我提供的东西，这是不对的。后来正是因为我要他向我提供意见，他就成了设计人。我并没有把东西卖给他，他自己买下了。”这就是那位买主买图样的原因吧。

年轻的朋友，如果你想赢得他人的合作，就要征询他的愿望、需要及想法，让他觉得是出于自愿。假如你确是有好的建议，对自己的建议确实有信心的话，你也不能把自己的意见硬塞入别人的脑子里，这是很费劲的做法。提出建议，然后让别人自己想出结论，那样不是更聪明吗？

L 医师在纽约布鲁克林区的一家大医院工作，医院需要新添一套 X 光设备，许多厂商听到这一消息，纷纷前来介绍自己的产品，负责 X 光部门的 L 医师因而不胜其扰。

但是，有一家制造厂商则采用一种很高明的技巧。他们写来一封信，内容如下：

我们工厂最近完成一套 X 光设备，前不久才运到公司来。由于这套设备并非尽善尽美，为了希望能进一步改良，我们非常诚恳地请您拨冗前来指教。为了不耽误您宝贵的时间，请您随时与我们联络，我们会马上开车去接您。

“接到信真使我感到惊讶。”L 医师说道，“以前从没有任何一位厂商向我请教，所以这封信让我感到了自己的重要性。那一星期，我每晚都忙得很，但还是取消了一个约会，腾出时间去看了看那套设备，最后我发现，我愈研究就愈喜欢那套机器了。”

“没有人试图把它推销给我。我觉得，为医院买下那套设备，完全是我自己的主意，于是就把它订购下来。”

内华达州有一位汽车商，有一个想买车的苏格兰人看过这位汽车商给他们介绍的汽车，但他们总是认为有问题，不是嫌这辆不合适，就是嫌那辆什么地方有了损坏，再不就是价钱太高。

这位商人随即决定要让他自己来买，也不必告诉他要买哪一种牌子的汽车。总之，要让他觉得这是他自己的意愿。

几天后，有一位顾客想把他的旧汽车换一辆新的，那汽车商就想到了那个苏格兰人，也许他喜欢这旧式的汽车。于是他打了个电话，给那个苏格兰人，说是有个问题想请教他。

那苏格兰人接到他的电话后，马上就来了。汽车商请他帮忙评估一下车子的价格。那苏格兰人听到这些话后，满面笑容，终于有人来请教他，有人看得起他了。驾着这部车子兜了一圈，回来后他建议商人以三百元买进这辆车子。

于是汽车商问他愿不愿意以三百元的价格购买这辆车。他当然愿意，因为这是他的意思、他的估价。所以这笔生意立刻就成交了。

罗斯福做纽约州长时，有一项特殊的功绩——他和政党重要人物相处得很好，使他们同意原来他们所反对的议案。

每当有重要职位需要补缺时，他都请那些政党要人推荐。当然，这些人最初推荐的都是一些不受欢迎的人物。

罗斯福就表示希望他们能推选出来一个有才华的人物，因为上次推选的那人表面上看来虽然并没有可批评的地方，可是也没有令人称赞的优点。罗斯福就告诉他们，如果任用这样的人，就会有负公众的期望，他们第三次推荐的人，比前两位好多了，可是还不十分理想。

于是，罗斯福对他们表示了感谢，并让他们再试一次。第四次他们所推荐的，正是自己所需要的人，在对他们的协助表示感激之后，自己就任用了这个人。而且，罗斯福还使他们享有任命此人的名义，让他们感到非常的满意。

趁此机会，罗斯福就对他们说，他已经做了使他们愉快的事，现在轮到他们顺从自己的意见，做几件事了。

罗斯福相信那些党政首要们，也愿意这样做，因为他们帮助了政府的重大改革，诸如选举权、税法及市公务法案等。

罗斯福凡事都很费事地去征求别人的意见，且对他们的建议表示尊重。当罗斯福委派重要职位时，他使那些党首政要们真实地感觉到，这是他们所挑选的人，是他们的意见。

每个人都有自己既定的立场，也因此而习惯于执着在本身的领域当中，却忘了别人也和自己一样，有着他固执的一面，而人与人之间的理解，一向是人际沟通当中最重要、也是最容易被忽略的关键。